REN YU HUAN

# 绿色出游，
# 绿色假期

刘芳 主编

"人与环境知识丛书"是一套科普图书，旨在通过
介绍与人类生产、生活以及生命健康密切
相关的环境问题向大众普及环境知识，
提高大众对环保问题的重视

时代出版传媒股份有限公司
安徽文艺出版社

**图书在版编目（ＣＩＰ）数据**

绿色出游，绿色假期 / 刘芳主编. — 合肥：安徽
文艺出版社，2012.2（2024.1重印）
　　（时代馆书系·人与环境知识丛书）
　　ISBN 978-7-5396-3987-1

　　Ⅰ. ①绿… Ⅱ. ①刘… Ⅲ. ①旅游－环境保护－青年
读物②旅游－环境保护－少年读物 Ⅳ. ①X322-49

中国版本图书馆 CIP 数据核字（2011）第 247962 号

**绿色出游，绿色假期**
LÜSE CHUYOU, LÜSE JIAQI

出 版 人：朱寒冬
责任编辑：刘冬梅　　　　　　　　　装帧设计：三棵树　文艺

出版发行：安徽文艺出版社　www.awpub.com
地　　址：合肥市翡翠路 1118 号　　邮政编码：230071
营 销 部：(0551)3533889
印　　制：唐山富达印务有限公司　电话：(022)69381830

开本：700×1000　1/16　印张：9.5　字数：150 千字
版次：2012 年 2 月第 1 版
印次：2024 年 1 月第 4 次印刷
定价：48.00 元

# 前　言

　　无限美好的大自然是人类的母亲。她的丰腴赋予了我们生命和梦想，她的美好让生命绚丽多彩。

　　经济繁荣带来日益庞大的旅游"人潮"，美好的自然让更多的人舒缓压力、赏心悦目。然而，过度旅游对自然造成的压力和威胁却为我们敲响了警钟。旅游交通所造成的温室气体排放对气候变化带来了巨大的压力；旅游区的不断扩大，严重影响了野生动植物生长区域的自然环境，对生态造成不可再生的破坏；丢弃垃圾、采摘、捕猎等失控的旅游行为，不但破坏了自然景观的美好，也加速了无数宝贵自然遗产的流失。

　　灰色的天空、裸露的土地、滚滚而来的沙尘暴、恣意妄为的洪水和海啸……这一切都是怎样造成的呢？我们的生态环境真的病了吗？往日那蔚蓝的天空、绿油油的草地、潺潺的流水、啾啾的鸟鸣都哪里去了呢？我们又能为我们赖以生存的地球面临的环境危机做些什么呢？怎样做才能减少旅途中对自然的破坏呢？为何要在旅游中爱护自然呢？相信每一位青少年朋友在读完这本书后都会找到自己的答案。

　　想知道如何用绿色的旅游方式为留住美好自然做出贡献，那么，和爸爸妈妈一起，快快加入亲近自然的绿色之旅吧！

　　当我们到一个地方，感受旅游所带来的文化洗礼的同时，还要记得要让它比我们到来时更干净、更美丽，这就是我们的目标。

　　我们要感谢大自然的恩赐，同时我们也要学会感恩和回报，就是珍惜它们！

　　幸福生活不只在于衣食享乐，也在于碧水蓝天。

# 目 录

人
与
环
境
知
识
丛
书

# 第一章　乘着火车去西藏

　　每个人的骨子里，都有游遍天下的愿望。每个人的心里，都会有一个魂牵梦萦的地方。对于许多人来说，西藏就是那个最闪亮的坐标，就是那个最想要去旅游的地方。西藏，充满了奇迹与传说，也充满了神秘与变数；带着刚性和残酷，也带着空灵和幻想。

　　以前，想要到西藏旅游是非常困难的事情。后来，西藏有了公路，通了汽车。再后来，拉萨有了机场。一直到 2006 年 7 月，青藏铁路通车。坐着火车去西藏的梦想，终于变成了现实。

## 第一节　游览指南

### 景区概况

　　西藏自治区位于中国的西南边疆，北与新疆维吾尔自治区和青海省毗邻，东连四川省，东南与云南省相连，南边和西部与缅甸、印度、不丹、尼泊尔等国接壤。全区土地面积为 120 万多平方公里，约占全国总面积的 1/8。

　　西藏自治区是中国人口最少、密度最小的省区。全区人口分布很不平衡，主要集中在南部和东部。藏族是自治区人口中的主体。首府拉萨市是全区的政治、经济、文化和交通中心，也是一座有 1300 多年历史的文化名城。

　　西藏地处世界上最大最高的青藏高原，平均海拔 4 千米以上，人文景观与大自然相融合，使西藏在旅行者眼中具有了真正独特的魅力。至今，还有许多藏族人的生活习俗与高原之外的现代人有着很大的距离，也正由于距离的产生，才使西藏的风土人情那么地神秘而特别。

天路（青藏铁路）

西藏旅游从 1979 年旅游局成立开始发展至今，区内拥有丰富、独特、堪称世界一流的旅游资源，境内高山嵯峨，湖泊星罗棋布，自然风光雄伟壮丽，民俗风情古朴浓郁，绚丽多彩。辽阔的草原，碧蓝的天空，茂密的原始森林，金碧辉煌的名刹古寺，辽阔的大地纯净无污染，备受世人的青睐。在西藏这块神奇的土地上，有以世界最高的珠穆朗玛峰、世界最深的雅鲁藏布大峡谷、世界第二大的羌塘自然保护区等为代表的自然风光；有以世界人类文化遗产布达拉宫、大昭寺为代表的藏民族悠久的历史文化；有以拉萨雪顿节、那曲羌塘赛马节等为代表的古朴浓郁的民俗风情。

2006 年 7 月，青藏铁路全线开通，西藏的旅游业迎来了飞跃式的进步。

## 你知道吗？

### 关于青藏铁路

号称"天路"的青藏铁路以青海省西宁市为起点，止于西藏自治区拉萨市，全长 1956 千米，其中西宁至格尔木段全长 814 千米，是于 20 世纪 50 年代末至 80 年代中期建成通车的，而格尔木至拉萨段 1142 千米，是 2006 年 7 月 1 日正式通车的。青藏铁路穿越高原冻土，最高海拔 5072 米。青藏铁路与青藏公路基本相伴而行，沿途除经过青海湖、昆仑山、可可西里、三江源、藏北草原等著名景点外，还经过众多的旅游景点及站点：南山口、玉珠峰、不冻泉、楚玛尔河、纳赤台、沱沱河、通天河、唐古拉山、措那湖、那曲、当雄、羊八井等，最后进入拉萨市。这是一条充满神秘色彩的顶级旅游风景线。

青藏铁路的修建，结束了西藏不通铁路的历史，进一步改善了青藏高原的交通条件，对于加强内地与西藏的联系，促进藏族与各民族的文化交流，增进民族团结，有着重要的作用。

高原进藏列车采用了国内先进的列车车厢，车厢有两套供氧系统。一套是"弥散式"供氧，通过混合空调系统中的空气供氧，使每节车厢含氧量都保持在23%，旅客如同进入"氧吧"；另一套是独立的接口吸氧，如果有旅客需要更多的氧气，可以随时戴上面罩呼吸，以免旅客出现高原反应。为抵御青藏高原风沙大、紫外线强等恶劣的自然环境，进藏列车实行全封闭；厕所采取真空集便器，废物废水有专门设备回收；车厢与车厢的连接处，采用了密接式车钩，不会漏风。为了应对青藏高原的缺氧环境，进藏列车车厢内的氧气浓度、温度、压力都可以保持均衡。

青藏铁路是当今世界海拔最高、最长的高原铁路。青藏铁路创造了许多世界之最，它是世界海拔最高的高原铁路：铁路穿越海拔4000米以上地段达960千米，最高点为海拔5072米；它是世界最长的高原铁路：青藏铁路格尔木至拉萨段，全线总里程达1142千米；它是世界上穿越冻土里程最长的高原铁路：铁路穿越多年连续冻土里程达550千米；它拥有世界海拔最高的铁路车站：唐古拉山车站，海拔为5068米；它拥有世界海拔最高的冻土隧道：风火山隧道，海拔4905米；它拥有世界最长的高原冻土隧道：昆仑山隧道，全长1686米；它拥有世界海拔最高的铺架基地：安多铺架基地，海拔4704米；它拥有世界最长的高原冻土铁路桥：清水河特大桥，全长11.7千米。另外，青藏铁路冻土地段时速达到100千米，非冻土地段达到120千米，这也是目前火车在世界高原冻土铁路上的最高时速。

与中国大部分地区相比，西藏的空气稀薄，日照充足，气温较低，降水较少，年降水量自东南低地的5000毫米，逐渐向西北递减到50毫米。每年10月至翌年4月，降水量仅占全年的10%至20%；从5月至9月，雨量非常集中，一般占全年降水量的90%左右。西藏是中国太阳辐射能最多的地方，比同纬度的平原地区多一倍或三分之一，日照时数也是全国的高值中心。这里干湿分明，多夜雨。冬季干冷漫长，大风多；夏季温凉多雨，冰雹多。只有东南局部地区四季分明。大部分地区的最暖月均温在15℃以下，1月和7月平均气温都比同纬度东部平原低15℃~20℃。最佳旅游时间是每年7月至9月。

### 西藏的山

西藏有超过 7000 米的高峰 55 座，超过 8000 米的 3 座，其中珠穆朗玛峰 8848.13 米，卓奥友峰 8201 米，希夏邦玛峰 8012 米，它们是世界各国人士登山旅游的极好地方。西藏四大神山中位于普兰县的冈底斯山主峰冈仁波齐（7714 米），其本命年是马年，是雪域八大神山之王。位于林芝县的色季拉山是苯教的发源地，其本命年也是马年（8 月 10 日转山）。每逢本命年，藏区各地来此转山的信徒络绎不绝。

**青藏高原的卫星照片**

### 西藏的湖

西藏有三大神湖，一是位于浪卡子县北部的羊卓雍错，面积 638 平方千米，海拔 4446 米，最深处达 59 米，又叫"裕穆错"（天鹅之意）。民间传说，喝了羊卓雍错的神水，男人长寿，女人漂亮，小孩聪明。此湖盛产鱼类，储量达 2 亿~3 亿公斤。周围有良好的牧场。二是位于阿里地区普兰县境内的玛旁雍错，藏语为不败、胜利之意，海拔 4588 米，面积 412 平方千米，据古书说是世界上"圣湖"之王，也是著名的佛教圣地之一，在东南亚佛教国家特别有名。三是纳木错，有 1920 多平方千米。海拔 4718 米，纳木错湖是祥帝之女儿，念青唐古拉之妻，湖中有五个小岛，岛上有扎西寺，本命年为羊年。有著名的拉姆拉错湖，它是悬在天上的湖，海拔 5000 米，在山南加查县境内，人们认为到此朝拜是一生的幸事。这里还有羊八井地热田和一批自然保护区。

布达拉宫

西藏是藏族的发祥地，也是藏传佛教的发祥地。几千年来，藏族的祖先们创造了独特奇异的文化，留下了丰富的遗产和人文景观，著名的布达拉宫就是其中之一。

布达拉宫是历世达赖喇嘛的冬宫，也是过去西藏地方统治者政教合一的统治中心，从五世达赖喇嘛起，重大的宗教、政治仪式均在此举行，这里同时又是供奉历世达赖喇嘛灵塔的地方。

布达拉宫海拔3700多米，占地总面积36万余平方米，建筑总面积13万余平方米，主楼高117米，看似13层，实际9层。其中宫殿、灵塔殿、佛殿、经堂、僧舍、庭院等一应俱全，是当今世界上海拔最高、规模最大的宫殿式建筑群。

布达拉宫依山垒砌，群楼重叠，殿宇嵯峨，气势雄伟，有横空出世、气贯苍穹之势，坚固敦实的花岗石墙体，松茸平展的白玛草墙领，金碧辉煌的金顶，具有强烈装饰效果的巨大鎏金宝瓶、幢和经幡，交相辉映，红、白、黄三种色彩的鲜明对比，分部合筑、层层套接的建筑形体，都体现了藏族古建筑迷人的特色。布达拉宫是藏式建筑的杰出代表，也是中华民族古建筑的精华之作。

布达拉宫内部绘有大量的壁画，构成一座巨大的绘画艺术长廊，先后参加壁画绘制的近二百人，先后用去十余年时间。壁画的题材有西藏佛教发展的历史，五世达赖喇嘛生平，文成公主进藏的过程，西藏古代建筑形象和大量佛像。布达拉宫中各座殿堂中保存有大量的珍贵文物和佛教艺术品。五世达赖喇嘛的灵塔，坐落在灵塔殿中。塔高14.85米，是宫中最高的灵塔，塔身用黄金包裹，并嵌满各种珠宝

布达拉宫

玉石，建造中耗费黄金 11 万两。其他几座灵塔虽不如达赖喇嘛灵塔高大，其外表的装饰同样使用大量黄金和珠宝，可谓价值连城。

大昭寺

藏族人民有"先有大昭寺，后有拉萨城"之说，大昭寺在拉萨市具有中心地位，不仅是地理位置上的，也是社会生活层面的。环大昭寺内中心的释迦牟尼佛殿一圈称为"囊廓"，环大昭寺外墙一圈称为"八廓"，大昭寺外辐射出的街道叫"八廓街"，即八角街。以大昭寺为中心，将布达拉宫、药王山、小昭寺包括进来的一大圈称为"林廓"。这从内到外的三个环型，便是藏民们行转经仪式的路线。

从大昭寺金顶俯瞰大昭寺广场，右边远处山上是布达拉宫，近处的柳树是"公主柳"，相传是文成公主所栽。大昭寺的布局方位与汉地佛教的寺院不同，其主殿是坐东面西的。主殿高四层，两侧列有配殿，布局结构上再现了佛教中曼陀罗坛城的宇宙理想模式。寺院内的佛殿主要有释迦牟尼殿、宗喀巴大师殿、松赞干布殿、班旦拉姆殿（格鲁派的护法神）、神羊热姆杰姆殿、藏王殿，等等。寺内各种木雕、壁画精美绝伦，空气中弥漫着酥油香气，藏民们神情虔诚地参拜转经。

大昭寺内保存有大量珍贵文物，为藏学研究提供了丰富的素材。此外，在大昭寺门前广场上树立的唐蕃会盟碑见证了汉藏人民的深厚友情，种痘碑为纪念清朝乾隆年间政府向西藏人民传授种痘方法以防治天花所立，见证了对西藏人民的深切关怀。

大昭寺

大昭寺始建于公元 647 年，是藏王松赞干布为纪念文成公主入藏而建，后经历代修缮增建，形成庞大的建筑群。寺建筑面积达 25100 余平方米，有 20 多个殿堂。主殿高 4 层，镏金铜瓦顶，辉煌壮观，具有唐代建筑风格，也吸取了尼泊尔和印度建筑艺术特色。大殿正中供奉文成公主从长安带来的释迦牟尼 12 岁时的等身镀金铜像，两侧配殿供奉松赞干布、文成公主、尼泊尔尺尊公主等塑像。

大昭寺是西藏现存最辉煌的吐蕃时期的建筑，也是西藏现存最古老的土木结构建筑，开创了藏式平川式的寺庙布局规式。大昭寺融合了藏、唐、尼泊尔、印度的建筑风格，成为藏式宗教建筑的千古典范。

## 🌸 物产饮食 🌸

西藏的高等植物有 5766 种之多，其中药用植物 1000 多种，占全国药用植物的 65%～70%，比较著名的中药材有虫草、贝母、三七、大黄、天麻、党参、秦艽、丹参、灵芝、雪莲、麻黄、红花等。

白唇鹿、野牦牛、金钱豹、雪豹、小熊猫、藏羚羊、藏野驴、藏雪鸡、藏马鸡、黑颈鹤等，是青藏高原所特有的动物，被列为世界珍品。

西藏独特的地理位置和气候特点构成了西藏人民独特的饮食习惯。糌粑、酥油茶、甜茶、牛羊肉、青稞酒等便成了他们的传统食品。

藏族人民主要以食牛羊肉和奶制品为主。牛羊肉热量很高，这有助于生活在高海拔地区的人们抵御寒冷。有趣的是，藏族人民有食生肉的习惯，若到一些牧民或农区家中，你会看到挂在屋内或帐篷内的风干的牛羊肉，你若去这些人家做客，主人会拿出风干的牛羊肉叫你品尝，这种风味只有在高原才能品尝得到。

酥油茶是藏族群众每日不离的饮料。一般藏族群众早上定要喝上几杯酥油茶，才去劳动或工作。到藏族群众家中做客，一般都会得到主人酥油茶的款待。酥油茶因为有酥油，所以能产生很大的热量，喝后可御寒，是很适合高寒地区的一种饮料。酥油茶里茶汁很浓，能起生津止渴的作用。喝酥油茶还能补充营养，帮助消化，能够防止干燥造成的嘴唇开裂。

糌粑是藏族的一种主要食品。藏族吃糌粑，大都是先把少量酥油茶倒进碗里，加点糌粑面，用手不断搅匀，直到能捏成团为止，食时用手不断在碗里搅捏，成团叫"粑"，送嘴而食。也有一种吃法是烧稀的，里面放些肉、野菜之类，叫做"土巴"。糌粑比冬小麦营养丰富，又携带方便，出门只要怀揣木碗、腰束"唐古"（糌粑口袋），再有一点茶水就行了，用不着生火做饭。

青稞酒是用青稞酿成的一种度数很低的酒，淡而清香，略带点酸甜味儿。藏族群众男女老少都喜欢喝，是喜庆节日必备之饮料。青稞酒色淡味酸甜，约15度~20度，分头道、二道、三道酒。到藏族家做客，习惯请你喝酒是倒满杯，你先喝一口，添上；再喝一口，再添满；一直要喝三口，最后满杯喝干。于是，接下来的情况是，能喝的自由喝。

# 第二节 净化灵魂的雪山

青藏高原是神秘的、美妙的。一首《青藏高原》将高原的风光和辽阔直观地呈现在我们面前：

是谁带来远古的呼唤/是谁留下千年的祈盼/难道说还有无言的歌/还是那久久不能忘怀的眷恋/哦，我看见一座座山一座座山川/一座座山川相连/呀啦索，那就是青藏高原

是谁日夜遥望着蓝天/是谁渴望永久的梦幻/难道说还有赞美的歌/还是那仿佛不能改变的庄严/哦，我看见一座座山一座座山川/一座座山川相连/呀啦索，那就是青藏高原

草原上缓缓移动的羊群，大川荒谷中觅食的野鹿，雪峰高山间盘旋的苍鹰，湖河溪流中游动的鱼群，芒林树丛中鸣叫的小鸟，还有那路边村寨升起的炊烟，高处寺院里传来的螺号，这一切莫不令人心旷神怡，想象无穷。藏区的雪峰高山多有神奇的传说，江河湖泊多有动人的故事。神山神湖，圆满人们的理想；塔寺神佛，回答人们的祈求。

当你踏足西藏，走近这片世界屋脊的时候，就会觉出自己是那样的渺小，对自己的成败荣辱能够采取一种淡然处之的心态。凌仕江在

梅里雪山

《西藏的天堂时光》里就为我们描绘了一幅能让心灵得到净化的"梅里雪山的雪"的图景：

雪，盘坐在梅里的春天。

雪，倒在梅里怀抱醒着的冰。

雪，梅里燃烧的天使……

我的文字无法让声音来触摸你远在远方的影子。

对于天涯行者，你将永远是我灵魂独行的假期！

只可惜生活中什么样的人才能有那么多的假期呢？等待复等待，恍如一生最初的苍老。当一个人老了的时候，他才发现他只是远方抽出的一根肋骨，为了愈合一种疼痛，他在很年轻的时候开拓词汇的荒原，在无休止种植精神的过程中，尘世一直与他的想象存在着漫长距离。

在一座美女与麻将声装点的城市里，我曾骑着单车，拐过霓虹闪烁的天桥，坐在芙蓉花凋落的台阶上，简单想象过我的未来生活：种几盆格桑花来消解城市生活中的紧张，听一些天籁的古乐来缓和城市的刺激，练得一手好书法来愉悦自己的性情，这是一种宿命。总而言之，在心灵的疆域收缩得难以扩展的时候，我想以诗意的文化来消解物质的异化。一个城市的春夏秋冬就这样被我坐在一辆简单的单车上从想象中拐过去了。

于是决定走出一个人剥落的疆域，去生长，生长。

一个人，离开一座城市到另一个陌生的地方，就像一只蝉突然飞离一棵老树，新鲜，自矜，从容。

当抵达那个很远很远的地方，停下来，猛然回头凝望那一个个芬芳的脚印，发现当初那些最具有迫切意义的事情，我一件都没有做到。相对来说，我做到的只是没有远离诗意。也就是说，我并没有完全埋藏在世俗的人际与金钱堆里，更没有在物质的海洋里随波逐流淹没个性。得意和沮丧时，我总把自己关在屋子里，以一种不可阻挡之势将我想象的远方收藏。

有人说，在抵达远方之前，你真是幸福得如同阳光下一枚坚韧的果实啊。

我暂且不能简单判断这种生活价值的好坏。也许，说这话的人太过抒情，因为他是个诗人。坚守与突围，我认为这是人类很难取舍的矛盾。爱好与叛离，所有被命运支配的孩子都渴望得知答案。

终于有一天，我怀揣一本书去了矗立在云南迪庆藏族自治州德钦县和西藏察隅县交界处的梅里雪山。

我在被风吹散的书页里寻找一个传奇。

在西边的阳光如无数支密箭射向我的时候，我涂了一张精美的卡片送给远方的朋友。

夕光下——

牦牛不知归圈——

雪山——

藏族女人带着孩子从东边的草地走向牦牛群——

风——

飞走了唯一的树——

剩下的全是鸟儿和一个纯白的影子。

有一天，朋友突然收到我的卡片，当会不由得感叹一声：啊！雪……

——原来那就是梅里雪山呵！

于是，我便会心一笑。虽然，当时你看不到我抽象悦目的表情，但我知道在高度紧张的生活节奏里，你已经学会了审美，你已经多了一点个人情趣，你已经相信所有灰烬的前身都是美丽的翅膀和坚硬如冰的期待，你走出了画地为牢的狭隘，你产生了想念远方的一种可能。

你学会坚守、调解、消化和冲淡生活的烦琐。

多元化重叠的未来生活注定会是一个模糊审美的世界，人即使是生活在远离梅里雪山的都市，照样可以葆有一点审美远方的诗意心情。也许只有这样，我们如同梅里雪山一样的精神高度，才可能同雪一样持之以恒地纯白……

天下的雪山，天下的雪山之雪，原来都是心灵最好的净化剂。

# 第三节　揭开高原的神秘面纱

## 独特的气候特点

由于西藏高原奇特多样的地形、地貌和高空空气环流以及天气系统的影响，西藏在天气、气候方面也有许多独特之处。从总体上来说，西藏气候具有西北严寒、东南温暖湿润的特点，并呈现出由东南向西北的带状更替。

西藏地势高，气压低，空气密度小。如果取平原地区气压值为1，西藏拉萨的气压值只有0.66。在温度相同的情况下，空气密度和气压是成正比的，在高原上空气密度只有平原地区的75%～80%，含氧量比内地平原少25%～30%。

## 你知道吗？

### 高原反应

由于西藏地区的海拔较高，所以一些人到达西藏后，会出现高原反应。高原反应是人到达一定海拔高度后，身体为适应因海拔高度而造成的气压差、含氧量少、空气干燥等变化而产生的自然生理反应。高原反应的症状一般表现为头痛、气短、胸闷、厌食、微烧、头昏、乏力等。部分人因含氧量少而出现嘴唇和指尖发紫、嗜睡、精神亢奋、睡不着觉等不同的表现。部分人因空气干燥而出现皮肤粗糙、嘴唇干裂、鼻孔出血或积血块等。

为了避免高原反应，初到时不可急速行走，更不能跑步或奔跑，也不能做体力劳动，不可暴饮暴食，以免加重消化器官负担，不要饮酒和吸烟，多食蔬菜和水果等富有维他命的食品，适量饮水，注意保暖，少洗澡以避免受凉感冒和消耗体力。不要一开始就吸氧，尽量要自身适应它，否则，你可能在高原永远都离不开吸氧了。另外，也可服用一些缓解高原反应的药品，如高原红景天、西洋参等。对于高原适应力强的人，一般高原反应症状在1～2天内可以消除，适应力弱的需3～4天。

西藏是全国太阳辐射最强的地方，例如拉萨，全年总辐射达到195千卡/平方厘米，是同纬度成都的2.1倍，上海的1.7倍。拉萨全年日照时数3005小时，为成都的2.4倍，上海的1.5倍，所以拉萨被称为"日光城"。西藏高原阳光强、日照多的主要原因是空气稀薄清洁，水汽含量少，阳光透过大气层时能量损失少。

西藏的气候最明显的特点便是日夜温差大，一天之内最高温度可达28℃，最低温度可降至10℃（以八月份为例），由于其日照时间长，冬季并不像人们所想象的那么寒冷，不过，强烈的紫外线照射也是西藏旅游的一大挑战。

西藏冬季漫长寒冷而无盛夏。年降水量少，年均水量只有200至500毫米，气候干燥，冬季尤为干燥。西藏的雨量90%左右集中在6~9月份，称为"雨季"。各地雨量差别很大，如拉萨年雨量454毫米，阿里的噶尔县仅60毫米，又无明显雨季。雨季时多局部性中、大雨。昌都、拉萨、日喀则一带则多夜雨。

西藏的紫外线辐射很强，又加上气温偏低，使许多种细菌难以繁殖，能防治某些疾病。西藏的空气也很少污染，拉萨是我国空气和水源污染最小的城市之一。特别是雨过天晴，碧空如洗，空气清新，使人心旷神怡。

### 西藏成为濒危景点

2007年，联合国教科文组织世界遗产中心发布报告，中国西藏与埃及帝王谷、澳大利亚的大堡礁以及美国大沼泽国家公园等一起被称为濒危景点，环保行动迫在眉睫。环保专家分析报告后指出，这些被列入濒危名单的景点是由几个原因造成的：一是全球变暖，二是环境污染，三是过度开发。而中国西藏旅游资源的过度开发破坏是西藏景点被列入濒危景点的最主要原因。

在过去几年内，由于到西藏旅游的人数剧增，当地修建了大量旅馆，国内外的商人也大量涌入。随着中国经济的发展，到西藏旅游的人还会增加。随着游人的增加，对西藏人文及自然环境造成的破坏会与日俱增。

在全球环境污染日益严重的今天，西藏这个对全球环境具有重要影响的"世界屋脊"，是受污染最少的地区之一。今天的西藏依然拥有最纯净的空气，最蔚蓝的天空。曾经有数不尽的藏族古老的诗歌和民谣，赞美过这世界最高处的阳光，以及这片阳光普照下的山川河谷。但是这几年随着西藏的过度开发，西藏原本纯净的空气和阳光饱受负荷。现在，我们看到的是一个美丽但又亟待保护的西藏。

随着西部大开发的发展，人们在建设西藏的同时，也给西藏的环境埋下了隐患。那个曾经的人间天堂，在逐渐褪去它的"贵族气"。近几年，随着旅游产业的发展，以前人烟稀少的西藏，现在日益嘈杂了。如果不能尽快地加强保护，增强人们的环保意识，不久的将来，这里将不再是一片净土。

### 藏羚羊生存受威胁

藏羚羊主要分布于中国青藏高原，是青藏高原动物区系的典型代表。经过漫长的自然演替和发展，该物种种群曾达到相对稳定状态，且数量巨大。但从 20 世纪 80 年代末开始，该物种遭受了从未有过的大规模盗猎，种群数量急剧下降。

藏羚羊身材矫健，奔跑如飞，被称为"高原精灵"。藏羚羊是历经数百万年的优化筛选，淘汰了许多弱者，成为"精选"而成的杰出代表。许多动物在海拔 6000 米的高度，不要说跑，就连挪动一步也要喘息不已，而藏羚羊在这一高度上，可以 60 千米的时速连续奔跑 20～30 千米，使猛兽望尘莫及。藏羚羊具有特别优良的器官功能，它们耐高寒、抗缺氧、食料要求简单而且对细菌、病毒、寄生虫等疾病所表现出的高强抵抗能力也已超出人类对它们的估计。它们身上所包含的优秀动物基因，囊括了陆生哺乳动物的精华。根据目前人类的科技水平，还培育不出如此优秀的动物，然而利用藏羚羊的优良品质做基因转移，将会使许多牲畜的基因得到改良。

青藏高原三江源地区是藏羚羊的主要栖息地。有关专家研究称，大群的藏羚羊为瘠薄的高原土壤提供了有机肥料，它们对牧草的适度践踏又起到分蘖作用，使牧草长势旺盛。它们产仔后遗留下来的大批胎盘及老弱病残者，又为狼、秃鹫等许多肉食动物提供了食物，因此藏羚羊在青藏高原的生态系统和食物链中起着举足轻重

藏羚羊

的作用。在某种程度上，如果没有了藏羚羊，三江源地区的生态将会急剧恶化，许多野生动植物也将面临灭顶之灾。

藏羚羊浑身是宝，其纤细柔软的绒纤维被称为"软黄金"，用藏羚绒制成

的"沙图什"披肩在国际非法贸易中十分走俏，"高原精灵"因此遭到疯狂屠杀。

**被猎杀的藏羚羊**

虽然藏羚羊分布区是人烟稀少、气候恶劣的高寒地区，但近10年来盗猎者手持武器、不断涌入藏羚羊栖息地或守候在藏羚羊迁徙路线上屠杀藏羚羊。根据有关部门近年来查获的藏羚羊皮、绒数量和各有关单位在藏羚羊分布区发现的藏羚羊尸骸情况分析，每年被盗猎的藏羚羊数量平均在20000头左右。盗猎使藏羚羊种群数量急剧下降。此外，由于盗猎活动的严重干扰，藏羚羊原有的活动规律被扰乱，对种群繁衍造成严重影响。

目前，一批批藏羚羊在呻吟中死去，而盗猎者、加工者和贸易者却仍在部分国家和地区通过走私、非法国际贸易等形式获得了浸满藏羚羊血的巨额利润；一些消费者为追求时尚，仍在麻木地作为帮凶而加剧了对藏羚羊的残杀。

# 第四节　高原上的守护

### 环保守护高原

青藏高原的生态环境原始、独特而脆弱。在青藏铁路建设前，就有人提出，铁路建设必然会严重影响到青藏高原的生态环境。不过，实际的情况却是，只要采取环保的手段，是可以将人类活动对环境的影响降到最小的。青藏铁路在高原蜿蜒前进，铁路两侧路基绿草如茵，与周围的草原浑然一体。为了这些，建设单位没少耗资费力，施工前要对原始地貌拍照，把草皮移植到旁边，建好后再把草皮移植过来。如果经过的地方植被少，还要人工种草。青藏铁路建设过程中，沿线冻土、植被、湿地环境、自然景观、江河水质等，都得到了有效保护，青藏高原生态环境未受明显影响。铁路沿途除了桥涵、车辆通道外，还有一些专为野生动物布设的通道。全线共布设了 33 处不同类型的野生动物通道。电子监测证实，大批藏羚羊通过铁路沿线的野生动物通道自由迁徙。这说明，人类可以一方面满足发展的需要，一方面也可以实现对高原的守护。

其实，在西藏进行的各项重点工程，都是将环保看得最重的。罗布莎、香卡山铬铁矿资源开发项目中，生态环保成为资源开采的重点环节。羊卓雍抽水蓄能水电站从项目的确定、设计到施工建设，均充分考虑生态环保要求。该电站运行以来，并未因发电而造成湖水水位下降、影响羊卓雍湖的

藏羚羊穿越青藏铁路动物通道

自然生态环境。国家投资 12 亿元的"一江两河"中部流域综合开发项目，经过十几年人工造林种草、改良草场和沙漠化整治，林地面积显著增加，气候环境得到改善。

### 江河源头的保护

西藏江河纵横，湖泊密布，湖水清澈如镜。西藏位于长江、雅鲁藏布江等重要河流的源头和上游，亚洲著名的恒河、印度河、湄公河、伊洛瓦底江的上源都在这里。近年在气候变化和人为活动的压力下，西藏江河源头地区的冰川退缩、草场退化、湿地萎缩、水土流失等现象日益加剧，导致了源头地区水源涵养、调节等生态功能明显下降。

为了保护好西藏的碧水蓝天，充分发挥西藏的生态屏障作用，维护西藏地区生态安全，西藏自治区政府制订了相应的保护计划，他们对十几条河流的源头及周边地区的植被采取生态功能恢复措施，保护重要湖泊地区的生态环境，同时还对珠穆朗玛峰等冰川区实施了水源涵养功能保护工程。

### 藏羚羊的保护

中国为保护藏羚羊做出了巨大努力，已经取得了一定效果，但也面临重重困难，这需要国际社会的理解和共同行动。

可可西里是世界上仅存的古老、原始而又完整的生态环境之一。这片人迹罕至的青色山脉，本是藏羚羊的乐园。每年六月，成群结队的藏羚羊翻过昆仑山山脉和一道道冰河，历经艰险，在雪后初霁的地平线上涌出。为了保护藏羚羊，1998年，可可西里国家级自然保护区管理局正式成立。从此，可可西里有了忠实的守护卫士。在4.5万平方千米的雪域荒原上，"高原精灵"藏羚羊正是在这批守卫者的悉心呵护下，以它特有的速度、坚韧继续述说着"生命禁区"的奇迹。

然而，藏羚羊保护仍面临着重重困难，盗猎行为总是极不和谐地出现在这片土地上，其根本原因是由于在中国境外存在着利润巨大的藏羚羊绒及其织品贸易。部分国家和地区的藏羚羊绒及其织品贸易并未得到有效打击和制止，而这恰恰是盗猎分子疯狂猎杀藏羚羊的根本原因。

盗猎分子猎杀藏羚羊的根本目的，是为了获得藏羚羊绒。被逮捕的所有盗猎分子的供词都证实了这一点。另外，由于藏羚羊肉寄生虫很多、藏羚羊皮制革性能差等原因，还不存在对藏羚羊肉、皮、头骨、角等的贸易性开发利用，中国境内也没有藏羚羊及其产品的需求市场。在所有盗猎藏羚羊现场都可以看到大量遗留的藏羚羊尸体、头骨、角，而取绒后被丢弃的大量藏羚羊皮则在其他许多地方被发现，可充分证明获得藏羚羊绒是引发大肆猎杀藏羚羊的根本目的。藏羚羊绒贸易给盗猎分子带来巨额利润。大量藏羚羊被猎杀取绒后，一部分绒被走私分子藏夹在棉被、羽绒服中或藏匿在汽油桶、车辆和羊绒中，蒙混通过中国西藏的樟木、普兰等口岸出境；而另一些走私分子则人背畜驮到边境秘密交易点进行交易。在中国境外，1公斤藏羚羊生绒价格可达1000～2000美元，而一条用300～400克藏羚羊绒织成的围巾价格可高达5000～30000美元。如此高额的利润，进一步刺激了盗猎分子欲望，并使他们有条件获得更有效的武器和装备，用于大肆屠杀藏羚羊，严重威胁藏羚羊的生存。

当今社会已经普遍认识到，不受控制的野生动物及其产品国际贸易，势必严重损害某些野生动植物种的自然发展，甚至危及物种的生存；而对野生动植物及其产品国际贸易进行控制和对某些物种实行保护，仅依靠某一个国家的力量是难以实现的。

目前，一批批藏羚羊在呻吟中死去，那些盗猎者、加工者和贸易者的非法行径，不仅是对许多国家相关法律的对抗，也是对《濒危野生动植物种国际贸易公约》的蔑视和对全人类保护野生动物意愿的践踏。因此，对藏羚羊的保护，除了中国自身的努力以外，还需要国际社会一道进行合作，共同延续"高原精灵"的神奇和壮丽。

可喜的是，近年来，随着我国政府加大对藏羚羊的保护力度，同时加大对高原环保工作的投入。目前，西藏境内藏羚羊种群数量逐年增加，2009年藏羚羊的数量达到了15万只左右。

# 第二章　走进热带雨林的王国

城中有森林，森林边有江，江边有竹，竹丛里有竹楼，竹楼外长满了果树。大象在漫步，孔雀在开屏，蝴蝶在飞舞，傣家姑娘担着竹篓、款款远去……如此神奇美丽的地方不是天堂，而是西双版纳。

从世界地图上，你会发现在与西双版纳同处北回归线上的其他地区几乎都是戈壁沙漠，唯有这块土地像块镶嵌在皇冠上的绿宝石，格外绚丽。一千多年来，西双版纳一直被称为"勐巴拉娜西"，即神奇美丽、快乐和谐的生态家园。这里热带雨林的自然风光和多姿多彩的民族风情交相辉映，令人如痴如醉。

没有人会把西双版纳比作天堂，因为天堂没有它美，更没有它的亲切和闲适。在西双版纳，人类与自然融合得那么紧密、那么默契。

# 第一节　游览指南

## 景区概况

西双版纳傣族自治州土地总面积 1.97 万平方千米，约占中国国土面积的 0.2%，位于云南省西南部，中国与东南亚交汇处，北纬 21°8′~22°36′，东经 99°56′~101°50′之间，东部及南部与老挝接壤，西南部与缅甸交界，国境线长 966.3 千米。

西双版纳傣族自治州是我国向东南亚延伸最长的地区，全州地貌多系澜沧江下游及其支流深度切割而成的中低山地，整个地势由北向南倾斜迭降，两侧高，中间低，丘陵广布，山谷盆地相间，面积在 1 平方千米以上的盆地有 49 个。境内河流均属澜沧江水系，澜沧江纵横全境，成为通向东南亚各国的黄金水道。

西双版纳保存了中国最大面积的热带雨林和季雨林，是中国热带生物多样性最丰富、重要类群分布最集中的地区，被列为联合国生物圈保护区，素有"植物王国"、"动物王国"、"物种基因库"和"森林生态博物馆"之美誉。

西双版纳是一个多民族聚居区，据 2000 年的全国第五次人口普查统计，全州总人口为 993397 人，有傣族、汉族、哈尼族、拉祜族、布朗族、彝族、基诺族、瑶族、壮族、回族、苗族、景颇族、佤族 13 个世居民族，还有克木人、八甲人、老品人等未

西双版纳热带雨林

识别群体。少数民族人口为 704216，占全州总人口的 70.89%。其中傣族占全州总人口的 34%，汉族占 25%，其他少数民族占 41%。

傣族是西双版纳人口最多的少数民族，他们有精巧的竹楼，优美的孔雀舞。傣族少女服饰精美，容姿秀丽，能歌善舞，是西双版纳迷人的景致之一。傣族民居——竹楼，是我国现存最典型的干栏式建筑，造型古雅别致，住在里面清凉舒爽。基诺族是西双版纳独有的少数民族，是我国 1979 年才正式确认的民族，现有 18000 多人。傣族主要分布在占西双版纳国土面积 5% 的自然条件最为优厚的平坝地区，城镇和农场（多在海拔 800 米以下）则是汉族聚居的区域，哈尼族、拉祜族、布朗族、彝族、基诺族、瑶族等其他少数民族则分布于海拔 800～1600 米的丘陵、山腰和山地。

西双版纳被称为"民族文化博物馆"，它的文化丰富多彩、独特鲜活。千百年来，西双版纳各民族在这块神奇美丽的土地上繁衍生息，和睦相处，共生共荣，共同创造了个性鲜明又相互交融的民族文化，异彩纷呈、如诗如歌、引人入胜、魅力无穷。漫步在大街上、集市中，身着不同民族服装，说着不

独具风情的秀美景色

同民族语言的各少数民族兄弟姐妹和谐相处，亲如一家，别具特色。西双版纳以傣族为主的 10 多个少数民族形成了独具特色的民族历史文化、传统习俗和生活方式。众多的历史遗迹、佛塔、亭井、佛寺以及具有代表性的民居和村寨、民族节日、宗教和民族风情，构成独特而又多样的人文景观。

西双版纳处于热带北部边缘，横断山脉南端，受印度洋、太平洋季风气候影响，形成了独特优越的立体气候环境，具有大陆性和海洋性兼优的热带雨林气候，夏无酷暑，冬无严寒，四季温暖宜人。年均气温 18～21℃，年降雨量 1200～1900 毫米。最佳的旅游时间在 10 月至次年 6 月。

## 主要景点

### 西双版纳原始森林公园

西双版纳原始森林公园地处海拔 702～1355 米的河谷地带，占地面积 3 万亩，以开展西双版纳热带原始森林科考观光旅游为主，兼容民族风情展示，休闲度假避暑等内容。该园在莱阳河两岸，已开辟了 6 个西双版纳旅游景区，即公园接待区、野外游憩区、西双版纳观光游览区、森林保护区、花果林木区及中心游憩区。公园的接待区坐落在园门附近，该区建有两个水明如镜的月亮湖，在碧波荡漾的月亮湖畔，辟有停车场，建有一幢幢特点鲜明的别墅楼。野外游憩区设有游客植树留念场，野营野炊基地和若干个开展西双版纳民俗风情活动的场所，包括召片领登基仪式表演活动点。建有西双版纳傣族宫殿的仿真建筑，以宏大的场面、多彩的服饰、精湛的西双版纳民族歌舞表演、展示封建领主召片领登基仪式。

热带植物园

20世纪50年代末期，我国著名植物学家蔡希陶教授带领一批科技人员"双手劈开葫芦岛"，克服种种困难，建成西双版纳热带植物园。

在面积300公顷的植物园内分布着来自世界各地的近5000种植物，奇花异树无数：花瓣如陶瓷的瓷玫瑰，蕊黄花白的鸡蛋花，随着歌声微微颤动的跳舞草，70米多高的望天树，致命的"见血封喉"（又名"箭毒树"），800多年的铁树，令人惊叹不已。植物园至今还保留了一片原始热带雨林，其间共有当地乡土植物约2000种，约占西双版纳植物区系

王　莲

的1/2，已引入滇南珍稀濒危植物400余种，国家重点保护植物74种。

民族风情园

西双版纳民族风情园的前身是热带果木林场，园内种植着芒果、荔枝、柚子、杨桃、菠萝蜜、椰子等热带果树600多亩，咖啡50亩，还有速生林、翠竹、棕榈、槟榔、砂仁等珍贵植物标本几十个品种。各种热带果树，错落有致，独自成林，特别是绿荫成片的荔枝，如绿色巨伞挡住骄阳，播下绿荫，成为游人的绝好休憩处。在临近后门之处，椰子树挺拔，槟榔树亭亭玉立，在空中花园的点缀下，热带花卉争奇斗妍。后侧是蓬蓬柚树，株株芒果，间夹高大的菠萝蜜树和矮壮的香蕉树。左侧翠竹成林，有清泉倒映竹影……一年四季鸟语花香，硕果累累，构成了西双版纳自然景观的缩影。

此外，在公园内设有风景旅行社、旅游汽车出租公司、情园酒店、情园酒吧、风情餐厅等服务设施。游人除可在园内观光赏景外，还可以在公园内休闲度假，尽情享受浓郁的民族风情。

西双版纳傣族园

西双版纳傣族园是西双版纳州精品旅游线——东环线的主要旅游区。傣

族园总体规划占地 336 公顷，主景区由曼将（篾套寨）、曼春满（花园寨）、曼乍（厨师寨）、曼嘎（赶集寨）、曼听（宫廷花园寨）五个保存最完好的傣族自然村寨组成，共有村民 326 户，1536 人。傣族园是西双版纳之魂，是西双版纳唯一集中展示傣族历史、文化、宗教、体育、建筑、生活习俗、服饰、饮食、生产生活等为一体的民俗生态旅游精品景区。这里幢幢精巧别致的傣家竹楼和佛寺古塔掩映在绿树丛中，透着一种自然、纯朴、宁静。竹楼周围栽种着香蕉、芒果、荔枝、木奶果、番木瓜等热带水果，还有高大挺拔的椰子树、贝叶棕树和亭亭玉立的槟榔树，把傣家竹楼打扮得格外妖娆。园区里的五个傣寨，像被巨大而美丽的绿孔雀尾巴覆盖，根本看不清村庄和竹楼，只能清晰地看见右面的澜沧江水和左面的龙得湖，靠徒步旅行，才能识别真面目。

### 野象谷

野象谷，因其方便的交通和独特的热带森林景观而成为近年来西双版纳的旅游热点。

野象谷景区位于景洪市北部，面积 369 公顷，距景洪 47 千米。野象谷为低山浅丘宽谷地貌，海拔 747 ~ 1055 米。区内沟河纵横，森林类型依海拔高度变化而分为热带季雨林、季风常绿阔叶林和黄竹林，森林覆盖率 96%。景区内的动物除亚洲野象外，还有野牛、巨蜥、蟒蛇、绿孔雀、犀鸟、豚尾猴、猕猴、黑熊、穿山甲、大灵猫等保护动物以及大量的蝴蝶、鸟类和两栖类动物。由于景区处于勐养旅游区东西两片区的结合部，自然成为各种动物物种的通道，而多年来的人工招引进技术和严格的保护，出没于这里的野象更加频繁，与人的关系更加融洽，成为西双版纳唯一可以方便观赏到野象的地方。

### 曼听公园

曼听公园位于景洪市东南方，距城区约 2 千米，处于澜沧江与流沙河汇合的三角地带，占地面积 11.54 万平方米。园内风光明媚，林木翁郁，稀有的铁力木、各类果树比比皆是，是人们观赏游玩的理想园地。

曼听公园是西双版纳最古老的公园，已有 1300 多年的历史，过去是西双版纳傣王的御花园，在傣族历史上曾为封建领主召片领和土司们游玩赏花之所。传说傣王妃来公园游玩时，公园的美丽景色吸引了王妃的灵魂，因此取名春欢公园，傣意为"灵魂之园"。现在为傣族的总佛寺。园内既有地造天成的自然景观，又有人工培育的奇花异卉和园林建筑。游园的客人既可观赏古朴的自然景色，又可鉴赏具有浓郁民族特点的人文景观。

进入曼听公园的大门，首先映入眼帘的是一座铜像，这是周恩来总理身着傣装，左手端水钵，右手持橄榄枝参加泼水的全身铜像。铜像左边是泰王国公主种下的两株象征中泰友谊的菩提树。公园里还修建了圣洁的曼习龙笋塔、西双版纳瓦八洁总佛寺和精美的景真八角亭模拟造型以及四角亭、六角亭和傣族萨拉亭等设施。公园旁是曼听傣族村寨，这些共同形成了公园、村寨和佛寺三位一体的游乐点。

### 景真八角亭

景真八角亭，也就是大家在电影或是电视里经常看到的云南白塔，是西双版纳的重要文物之一。位于勐海县景真地区，距县城14千米。因这座亭子在景真地方，人们通常称它为景真八角亭。八角亭东南面是流沙河，河上有一座小桥，著名的《葫芦信》悲剧，就发生在那里。八角亭西边是碧波潋滟的景真湖，《召树屯》故事里的孔雀公主楠木诺娜7姐妹，传说就在那个湖里洗澡，遇上王子召树屯的。

八角亭是一座佛教建筑物，是景真地区中心佛寺"瓦拉扎滩"的一个组成部分。据傣文景真史书《博岗》记载，它是由僧人厅蚌叫主持修建的，修建中得到"贺励缅"（意即内地汉人）的帮助，是傣汉两个民族共同劳动的结晶。这座亭子建于傣历一千零六十三年（1701年），已有近300年历史。

亭子为砖木结构，呈八角形，亭身有31个面，32个角，每个角都盖着缅瓦，每层屋脊上都有着各种形状大小不一的陶制品，墙壁刷有金粉，印有各种图案和动物，还嵌镶各种形状的玻璃镜，在艳阳照射下，闪闪发光。八个亭角偏厦，自下而上，层层收缩，重叠美观，直到顶端，错落有致，结构精密，别具一格。亭顶边沿挂有铜铃。

相传，这座八角亭是佛教徒们为纪念佛祖释迦牟尼，而仿照他戴的金丝台帽"卡钟罕"建筑的。在古代，它是个议事亭，在傣历每月十五和三十两日，景真地区的佛爷集中亭内，听高僧授经和商定宗教重大活动，也是处理日常重大事务的场所，同时也是和尚晋升为佛爷的场所。在八角亭北边大约两里路的山顶，高耸着一座佛塔，与八角亭遥遥相对。据历史记载，八角亭在傣历一千二百一十四年（1852 年）时，因战争遭到破坏，后来重修过，"文化大革命"中又遭到严重破坏。1981 年，国家拨款重修，八角亭又以它婀娜的姿态，屹立于流沙河畔。在景真佛寺与八角亭之间，有棵巨大古老的菩提树，挺拔的树干几个人才能合抱过来，翁翁郁郁，点缀了八角亭的绮丽风光。

## 🌸 物产饮食 🌸

西双版纳是享誉世界的"普洱茶"的故乡，种植茶树已有1700 多年的悠久历史。现在茶叶品种发展到 100 余种。现有茶园面积 28.66 万亩，年生产精制茶 13586 吨。

### 你知道吗？

#### 茶马古道

近年来，专家经过认真考证后认为，千百年来，祖国内地与边疆就存在着一条汉族与多民族交往的古老通道。古道绵延上千千米，纵横交错，分布甚广，在漫长的历史中，形成了两条主要的线路，一条以现今云南西双版纳、思茅等产茶地为起点，向西北经今云南大理、丽江、迪庆到西藏昌都、林芝至拉萨，再经拉萨南下分别到缅甸、尼泊尔和印度，另一条则从现今的四川雅安出发，经泸定、康定、理塘、巴塘、昌都、拉萨等地，到达尼泊尔、印度。

这条通道是目前世界上已知的通道中，地势最险要最复杂的文明文化传播的古道，完全由人和马的脚踩蹄踏而成。往来于这条坎坷崎岖的驿道，马帮为中国内地与边疆源源不断地运送着茶、糖、盐等生活必需品，又为内地与边疆运送马匹、皮毛等，因此将这条古道称为"茶马古道"。同"丝绸之路"一样，茶马古道在中华大地上曾经发挥着重要的作用。

随着清朝政府的衰落，茶叶贸易开始受到影响，而随后的几次火灾、战乱的洗劫，使这条古道逐渐衰败。加之现代交通工具的迅速崛起，古道逐渐被乱草湮没，成了人迹罕至的地方。

虽然茶马古道的辉煌已经成为过去，但普洱茶文化一脉传承下来，古老的茶山正焕发出新的气象，谱写着普洱茶的新篇章……

傣味菜在云南菜系中独享盛誉，以糯米、酸味及烘烤肉类、水产食品为主，多用野生栽培植物做香料，具有独特的民族风味。傣味菜总要加入香茅草、香料、辣椒、花椒等许多调料，酸、辣、香便是傣味最大的特色。

傣味菜的代表之一香竹饭，傣语称"考澜"，只能用具有特殊香味的香竹"埋考澜"煮制。

独具风味的傣味菜

香竹为乔本科竹类，竿细如酒杯，内壁粘有一层具有特殊香气的白色竹瓢。煮香竹饭，选用当年长成的嫩竹，依节砍下，每段留一竹节。把糯米放在香竹筒里，用水浸泡15分钟后，放在炭火或烤炉内用微火烘烤。食用时，敲打竹筒使之变软，竹筒内壁的竹膜便粘在饭上，用刀一剖两半，香竹饭便脱竹而出，香气浓郁，饭软而细腻。这种米饭，既方便食用，又方便携带，是傣家人用以待客的主食。

傣族日食三餐，以大米为主食，喜食糯米。景洪市傣族的风味食品丰富多彩，范围包括糯米制品、肉鱼制品、蔬菜制品、瓜果制品、澡米制品和虫米类制品等。制作方法分为烤、蒸、煮、腌、剁、舂六大类，上百余种，其特点"酸、辣、甜、香"。

# 第二节　热带风情的旅游梦境

去西双版纳是很多人旅行的梦想。大象、孔雀、月光下的凤尾竹，那能撕成长条的芭蕉叶，还有那密密的热带雨林以及漫山遍野的橡胶树，犹如一个个绿色的梦境；而系着梦魂的红丝带，则是葫芦丝那圆润动人的旋律。伴着悠扬的葫芦丝声，让我们在游客们欣喜、陶醉的文字中，一起去感受西双版纳的魅力吧！

### 景洪市貌

景洪市区不大但很整洁，市中心的十字路口有一座雕塑：四头大象。街道两旁既有现代化的高楼大厦也有古朴的楼台亭阁，绿化带里栽满了产油量最高的油棕。公园很一般，没特别印象，唯一令人念念不忘的是公园里烧烤摊上的烤鱼，鱼肚里填满了辣椒和当地的一种什么香料，有点像葱，很香，那特殊的香味至今让我直咽口水。

这里的人性格温和、宽厚。到版纳的第二天遇到这样一件事让我颇有感触：我乘坐的旅游车正在山路上行驶，对面突然出现两个骑自行车的山民，径直向汽车冲了过来，汽车一面刹车一面猛打方向盘避让。自行车虽已在一块泥泞地上减了速，仍然因惯性而连人带车向前栽了360度的大跟斗然后重重摔在地上。正担心他俩会伤得不轻，却见他们已经从地上爬了起来，看样子没事，正冲车上的人憨厚地笑呢。看来，一场吵架是必定免不了的了。然而那位受了惊的驾驶员只是很和善地轻轻问了句："车闸坏了吗?"小伙子有点不好意思："没车闸。"双方语气平静得像邻里闲谈，然后各自上路。看惯了一些吵吵闹闹的场面，在这里感受到的却只有友善和宁静。在西双版纳逗留一周，竟已忘了吵架为何物。

一场夜雨将沥青铺就的盘山公路冲刷得干干净净，空气中散发着泥土和青草的味道。公路旁是高大的铁刀木，茂密的树叶湿漉漉的在阳光下泛着光，树上开满了花，黄黄的一大片点缀着葱绿的山野。不时有放牧的牛群在公路边旁若无人地啃着青草，一派田园风光。

公路从一大片原始森林中穿过，但见山谷幽深古木苍翠，林中莺声燕语、鸟叫虫鸣；路边，一条小溪顺着蜿蜒的山路与我们同行，溪水并不清凉，但活活泼泼地煞是欢畅。

### 游览勐仑热带植物园

到了西双版纳不看热带森林就等于没来西双版纳。勐仑热带植物园占地112.5平方千米，规模相当壮观。茂密的椰林中，成熟了的椰树笔直挺拔，树上挂满诱人的果实，与柔嫩葱茏的小椰苗错落有致，相映成趣。阳光从树冠的缝隙中偷偷溜下来，洒落一地斑斓。

植物园中囊括了几乎所有的热带植物。鱼尾葵、三药槟榔、盘根榕树、直指云霄的望天树、结着珍珠般果实的珊瑚草以及风情万种的凤凰花树，五彩缤纷争奇斗艳。有的棕树光一片棕叶就大若一间小屋；一种叫不出名的豆科树的豆荚长达五六十厘米，夸张得让人怀疑它的真假。"神秘果"能使酸味变成甜味，"风流草"可以随着歌声翩翩起舞，还有芒果、荔枝、香蕉、铁树王等树木……

在这里还见到了久仰的红豆。"红豆生南国，春来发几枝"这首诗里说的便是它。漫步于树下细细玩味古诗，体会古人由此而引发的相思之情，别有一番滋味。

**欢乐的橄榄坝**

傣族保持最完好的古老村寨在版纳有好几处，橄榄坝尤为著名。橄榄坝位于傣语中叫"勐罕"的地方，是一块有50平方千米的大坝子，因形似橄榄而得名，澜沧江由北向南，横穿坝子中心。橄榄坝海拔530米，花开四季，青山绿水。这里是西双版纳傣族居民最有代表性的地方，有一种自然、淳朴、宁静的美。

走进橄榄坝村寨大门，身着艳丽民族服装的猫哆哩和哨哆哩站立两旁，用傣语和傣歌祝福和欢迎远方的客人光临村寨。我们漫步在村寨的小道上，座座精巧别致的傣家木楼和佛寺掩映在椰林和绿树丛中，木楼周围栽着香蕉、芒果、荔枝等热带水果树，还有高大挺拔的椰子树，亭亭玉立的槟榔树，妖娆嫣红的美人蕉，把傣家木楼装扮得格外美丽。

在导游的带领下，我们这些游客来到一户傣族人家，这家的"老棉桃"（傣语对中老年妇女尊称）和哨哆哩接待了我们。我们在她们家木楼上客屋席地而坐，老棉桃和哨哆哩为我们沏上一杯热香的糯米茶后，由哨哆哩向我们介绍傣家风俗人情，并热烈欢迎我们来村寨做客。而后她们拿出自己手工打造的银饰诸如银手镯、项链等工艺品向我们兜售，大家选购一些中意的首饰作为礼品好回去馈送亲朋好友。我们告别了老棉桃和哨哆哩来到村寨的广场，老远就听见从广场那边传来喜庆和欢快的鼓芒声，我们放眼望去，只见一群身着民族服装的傣族男女，正随着鼓芒的节拍和着笙、葫芦丝节奏，跳着欢快的舞蹈向游客表演，我们禁不住跟着加入歌舞队伍，模仿着她们的舞蹈跳起来，并不时拿出相机与她们合影，以留下美好的记忆……

玩兴正浓之时，广场中央传来阵阵嬉闹声，原来傣族传统的节日"泼水

节"开始了。只见橄榄坝广场中央的喷泉周围游客如织，他们换上傣族服装与当地傣族人一起，每人手中拿着盆子，舀着喷泉池中水相互对泼，有的分成两组结成对手打起水仗来，个个淋得像一只只"落水的孔雀"，尽兴地玩耍着、嬉闹着，沉浸在欢乐之中，把一切烦恼和忧愁泼到了九霄云外，留下的是幸福和欢乐。这也是傣家人给予我们游人的吉祥祝福。

# 第三节　森林危机

西双版纳热带雨林资源非常珍贵，但现在这里的热带雨林生态破坏、水土流失等问题非常严重。野生动植物被非法捕猎移植；山冈被砍伐一空，甚至被放火"烧荒"，黑烟弥漫，终日不散；一些林区被开垦种植上了甘蔗、香蕉、菠萝等经济作物，但与那些被连根铲除的珍稀树种相比，如同丢了西瓜捡芝麻，实在是得不偿失；风景区的一些林木也遭到砍伐，一车车粗大的树木被运去制成上好的家具。

种植橡胶惹的祸

西双版纳州是全国热带雨林生态系统保存较为完整的地区。在这片不到国土面积0.2%的土地上生长着占全国1/4的野生动物和1/5的野生植物物种资源，因此向来被视为生物多样性保护和生态资源保护的重地。西双版纳是我国重要的橡胶种植基地，为我国国民经济的发展做出了巨大的贡献。

然而近年来，国际橡胶价格疯涨，在西双版纳出现了为盲目追求经济效益而大量种植橡胶的事情，甚至出现"毁林种胶"的违法事件。随着橡胶种植面积的日益扩大，西双版纳的天然热带雨林逐渐缩小。据统计，30年以前，70%的西双版纳都由雨林和高山林覆盖，2003年已不到50%。在一位生态学家的地图上西双版纳标注着"热带雨林"的绿色区域已经越来越多地被红色覆盖。橡胶种植覆盖了西双版纳几近全部低地森林，并且不断向高地蚕食。

据不完全统计，自2000年以来，西双版纳州的新造橡胶林地达到了300万亩，其中农民自行开发有林轮歇地285万亩，侵占国有林和集体林种植橡胶15万亩。全州植胶总面积从1988年的116万亩增加到了2006年的615万亩。

西双版纳的橡胶林

目前中国拥有全球最大的轮胎生产业。以2007年的数据为例，2007年中国共消耗天然橡胶235万吨，其中70%进口自泰国、马来西亚和印尼等国家。自2000年开始，中国的天然橡胶进口量几乎翻倍。中国2007年生产轮胎3.3亿条，其中有近一半向国外出口，固特异等轮胎制造业巨头也正在寻求在中国设厂。中国橡胶工业协会预计，截至2010年，中国天然橡胶产量将增长30%，不过，由于橡胶树只能在亚热带和热带气候下生产，适应种植橡胶的中国地域非常有限，仅限于南方的几小块地区。

在将农民带上脱贫致富快车道的同时，大量种植橡胶给西双版纳带来的负面生态效应开始一步步显现出来。大规模毁林种胶的行为严重破坏了天然林涵养水源、防风固沙、净化空气、调节气候的功能，也破坏了生物物种的遗传、更新和生态平衡。胶乳70%以上的成分是水，橡胶林不但没有蓄水的功能，反而需要大量吸水，一棵胶树就是一台小型抽水机，这个说法毫不夸张。种植橡胶使得很多地方溪流枯竭，井水干涸。原来河流深的地方有二三十厘米，现在只剩下裸露的河床。

据中科院对勐仑植物园的研究，每亩天然林每年可蓄水25立方米，保土4吨，而每亩产前期橡胶林平均每年造成土壤流失1.5吨，开割的橡胶林每年每亩吸取地下水量9.1立方米。按每立方米地下水1元、每吨流失土壤10元计算，全州橡胶林每年生态效益损失和生态效益替代价值将近1.5亿元。

更加令人忧心忡忡的是，天然林可以恢复，生物多样性的丧失却不可挽回。天然林每减少1万亩，就使一个物种消失，并对另一个物种的生存环境构成威胁。以望天树为例，望天树是云南西双版纳热带雨林的标志性树种，由于分布稀少，被列为国家一级重点保护植物。望天树是龙脑香科植物的一种，早期研究没有发现龙脑香科植物在中国的分布，因此国外专家一度断言中国没有热带雨林。1975年，科研人员在西双版纳傣族自治州勐腊县发现望天树，打破了中国没有热带雨林的论断。望天树在中国呈片状和块状残存分布于西双版纳、河口、马关以及广西局部地区。其中在勐腊县分布面积最大，共有大小不等的 22 个林地斑块，总面积约 18 万亩。望天树一般高五六十米，最高超过 70 米，是世界上重要的商品木材。西双版纳的望天树分布区域内有 10 多个村寨，原来村民就有砍伐利用望天树的传统，加之 20 世纪 80 年代以来推广林下种植砂仁等经济作物，使望天树的保护面临严重威胁。

与天然林相比，人工橡胶纯林的鸟类减少了 70% 以上，哺乳类动物减少 80% 以上，这种损失无法进行经济估算。而且，单一经济林发生大面积森林病虫害的隐患难以防范，橡胶白粉病、蚧壳虫病频繁发生。

与此同时，西双版纳州气象局的长年监测表明：在过去 50 年间，四季温差加大，相对湿度下降，州政府所在地景洪市 1954 年雾日为 184 天，但到了 2005 年仅有 22 天。对此，西双版纳州林业局在一份文件中指出："虽不能说完全是植胶引起的，但应该说有着直接的联系。"另据中国科学院和波多黎各大学一位科学家 2006 年的调查文献，在 1976 年～2003 年年间，西双版纳大约 67% 的热带雨林区域被开辟为橡胶种植园。一年下来，100 亩胶林中要施用 500 公斤化肥，80 公斤硫黄粉，15 件草甘膦（每件约 20 斤），还有大量有毒农药氧化乐果。这些化肥和农药的施用将随着雨水的冲刷进入江河，不仅造成区域的水污染，还将随着国际河流的流向产生国际问题，此外，这些也威胁到了亚洲象、老虎、孔雀和猴子等热带雨林传统物种的生存。尽管目前拯救雨林还不晚，但只要橡胶价格持续增长，且政府不做任何措施加以干涉，橡胶种植就还将继续扩张。

**热带雨林走向破碎化**

一个地区的森林覆盖率若高于 30%，而且分布均匀，就能相对有效地调节气候，减少自然灾害，并能有效地减少水土流失。据统计，在一次降雨 346 毫米后，平均每亩林地流失土壤 4 公斤、草地为 6.2 公斤，作物地和裸地分别是 238 公斤和 450 公斤。

热带雨林的种类组成极端丰富，尽管热带雨林仅占世界陆地面积的百分之七，但它所包含的植物总数却占了世界总数的一半。热带雨林里茂密的树木，通过进行光合作用，吸收二氧化碳，释放出大量的氧气，就像在地球上的一个大型"空气清净机"，所以热带雨林有"地球之肺"的美名。除此之外，热带雨林水汽丰沛，蒸发后凝结成云，再降雨，成为地球水循环的重要部分，不仅有助于土壤肥沃与生物生长，也有调节气候的功能。

在历史上，热带雨林有 2450 万平方千米的面积，主要位于南北回归线内。1900 年以来，特别是二战后雨林减少的速度在加剧，现已失去 59% 以上的原有雨林，幸存面积为 1001 万平方千米，覆盖了陆地总面积的 6% ~ 7%，主要存在于三个区域：美洲、非洲、亚洲，其中最大的一块为美洲的亚马逊雨林，还有两块比较大的区域是：非洲的刚果雨林和亚太地区的天堂雨林。

全球热带雨林以每年 120425 平方千米的速度在减少。这相当于一个尼泊尔的面积。在过去的 20 年间，仅亚马逊雨林就以每年 29000 平方千米的速度减少。按照这样的趋势，地球上的热带雨林再过几十年就会消失。

尽管我国早在 1958 年就建立了西双版纳自然保护区，但近半个世纪以来，西双版纳的热带雨林的面积还是约有一半被破坏。

雨林面积减少的同时，破碎化趋势十分明显，其特征是森林变得条块分割、没有连贯性，尤其在亚洲雨林区，如印尼、马来西亚、菲律宾的雨林已经变得支离破碎。破碎后的森林像海洋中的一个个"岛屿"，被周围的农用地或经济种植园所隔离，使其内物种基因得不到有效交流，进而大大降低了保护的有效性。

# 第四节　拯救雨林

留住西双版纳的美丽

在地球同纬度地带大多成为干旱草原和沙漠的今天，西双版纳仍保留着绿色形态，具有极高的保护价值。因其特殊的生长环境，生命力先天脆弱，人口增加，经济发展更加重了它的濒危性。如果不加强保护，这片珍贵的热带雨林将会从地球上消失，那将是不可挽回的重大损失。

为了保护这片中国唯一的热带雨林，我国早在 1958 年就建立了西双版纳自然保护区。1986 年经国务院批准为国家级自然保护区，1993 年被联合国教科文组织接纳为联合国生物圈网络成员。保护区是中国热带森林生态系统保存比较完整、生物资源极为丰富、面积最大的热带原始林区。保护区地跨景

洪、勐海、勐腊一市两县，由互不连接的勐养、勐仑、勐腊、尚勇、曼稿5个子保护区组成，总面积24.17万公顷，占全州土地面积12.63%，森林覆盖率高达95.7%，2000年，国务院又批准纳版河自然保护区升格为国家级自然保护区。

这是我国第一个按小流域生物圈理念建设的保护区，扩大了热带雨林保护的面积。世界上与西双版纳同纬度带的陆地，基本上被稀树草原和荒漠所占据，形成了"回归沙漠带"，而西双版纳这片绿洲，犹如一颗璀璨的绿宝石，镶嵌在这条"回归沙漠带"上。

我们能为雨林做些什么

妥善处理好保护雨林与发展经济的关系，是保护西双版纳资源的要害。保护热带雨林应当转变过去以利用木材、经济效益为主的传统思想，而应以生态效益为主、兼顾经济和社会效益，改变单一的产业结构，开展多种经营。天然森林得到保护后，有些林业化工产品、森林食品及各类动植物将大量增加，质量也将有所提高。

对于当地百姓牺牲长远利益来换取暂时经济利益的行为，一些关注雨林命运的环保人士也提出了自己的建议，比如建议根据生态安全和经济发展的需要，研究热带雨林和经济作物的合理分布、配置规律，编制好橡胶产业与生态保护发展规划。要在保护好热带雨林的前提下，调整农业产业结构，科学指导农民合理种植橡胶等经济作物脱贫致富，实现保护与发展双赢。建议州林业部门摸清全州轮歇地内种植橡胶林的面积，制定措施，加强对轮歇地和农地的管理：比如建立橡胶生态补偿机制，通过经济手段来调控橡胶产业发展和生态环境保护的矛盾；比如向从事橡胶加工生产的企业开征生态补偿费用等。法律法规的强制性，对于保护热带雨林也起着非常重要的作用，制定橡胶种植、加工生产管理法规，防止盲目开发、投资；严禁对橡胶地、橡胶园的非法转让、炒买炒卖等。这些规范的出台，对于约束人们的行为将起到有效的作用。此外严格执法，依法打击侵占、盗伐、蚕食国有林和集体林、违法毁林的行为。鉴于农民有倒卖、转让农业生产土地的行为，在保护集体林地、国有林的同时，应制定措施，加强对轮歇地和农地的管理，打击非法炒作、转让土地的行为，并进行农业产业结构调整，正确引导、鼓励、扶持农民开展多种经营。

对于个人来说，虽然离热带雨林可能很遥远，但是我们还是可以通过一些日常生活细节来保护它，例如以下几个方面：

（1）不使用一次性筷子。

（2）纸张双面打印。

双面打印的意义决不仅限于节省50%的纸张成本，更大的效应在于：通过实现双面打印，1台工作组级的双面网络打印机一年可以节省1吨办公用纸，而生产这些纸张需要6棵成材树木，还有10吨左右的水资源耗费和污水排放。如果再考虑到打印材料存放空间的节约和阅读舒适感的提升，双面打印的优势更是显而易见。

（3）不用实木地板，尤其是濒临灭绝的树种。

几乎所有在中国的家居建材零售商都在销售濒危树种加工而来的木地板，其中包括使用被称为"天堂雨林皇冠"的印茄木。

保护森林的环保宣传画

（4）购买拥有 FSC 认证的绿色木材。

FSC（森林管理委员会）是全球最为严格的森林管理和林产品加工贸易认证体系。当零售商销售有 FSC 标志的产品时，消费者就可以确信该产品的来源和加工过程是对环境负责任的。

（5）不吃砍伐雨林种植的大豆来喂养的鸡做原料的汉堡。

在环保组织和消费者的压力下，国际快餐巨头麦当劳 2006 年作出承诺：停止出售由特定来源的大豆喂养的鸡类食品，此类大豆的大面积种植，给亚马逊森林带来了严重的破坏。

（6）不喝毁林种植的咖啡。

（7）使用再生纸。

（8）用毛巾和手帕替代纸巾。

（9）发送电子贺卡代替代传统贺卡。

（10）减少挂历、台历等的印刷和赠送。

美丽的西双版纳，珍贵的热带雨林风光，应该让她把美丽展现给我们的同时，也把大自然的这种恩赐留给我们的后代。

# 附录：泼水节和孔雀舞

"泼水节"是傣历的新年，它源于印度，是古婆罗门教的一种仪式，后为佛教所吸收，传到云南傣族地区。傣族群众较多信奉小乘佛教，泼水节的习俗也就流传下来，至今已数百年。

关于泼水节的来源，民间流传着一个有趣的神话：远古的时候，傣族地区有个恶魔，无恶不作，弄得民不聊生。被恶魔抢来做妻子的七个民女决心杀死恶魔。聪明的七姑娘探听到只有用恶魔自己的头发才可以杀死他。一天夜里，七个妻子把恶魔灌醉后，勇敢地从他的头上拔下一根头发，紧紧拴住他的脖子。果然，恶魔的脑袋立刻掉了下来。可是头一着地，地上就燃起大火。姑娘们拾起头颅，大火就熄灭了，为了避免大火伤害百姓，姑娘们决定轮流抱住恶魔的头，每年一换。在每年换人的时候，人们都给抱头的姑娘冲水，以便冲去身上的血污和成年的疲惫。后来，傣族人民为纪念这七位机智勇敢的妇女，就在每年的这一天互相泼水，从此形成了傣族辞旧迎新的盛大节日——泼水节。

泼水节一般在阳历 4 月 13 日至 15 日这 3 天，节日清晨，傣族男女老少就穿上节日盛装，挑着清水，先到佛寺浴佛，然后就开始互相泼水，互祝吉祥、幸福、健康。一段水的洗礼过后，人

**傣族泼水节**

们便围成圆圈，翩翩起舞，还爆发出"水、水、水"的欢呼声。有的男子边跳边饮酒，通宵达旦。1961年4月13日，周恩来总理也曾参加过西双版纳的泼水节。从此以后，傣族泼水节更加名扬四海。

泼水节的内容，除泼水外，还有赛龙舟、斗鸡、跳孔雀舞、丢包、放高升、放孔明灯等活动。

西双版纳是"孔雀之乡"，世居于此的傣族人民喜欢孔雀，许多人在家园中饲养孔雀，而且把孔雀视为善良、智慧、美丽和吉祥、幸福的象征。

孔雀舞是傣族人们最喜爱的民间舞蹈，在傣族聚居的坝区，几乎月月有"摆"（节日），年年有歌舞。在傣族一年一度的"泼水节"、"关门节"、"开门节"、"赶摆"等民俗节日，只要是尽兴欢乐的场所，傣族人民都会聚集在一起，敲响大锣，打起象脚鼓，跳起姿态优美的"孔雀舞"，歌舞声中呈现出丰收的喜庆气氛和美好景象。

**傣族优美的孔雀舞**

孔雀舞风格轻盈灵秀，情感表达细腻，舞姿婀娜优美，是傣族人民智慧的结晶，有较高的审美价值。它不只在重要热闹的民族节庆中单独表演，也常常融合在集体舞"嘎光"中。孔雀舞具有维系民族团结的意义，其代表性使它成为傣族最有文化认同感的舞蹈。

国家非常重视非物质文化遗产的保护，2006年5月20日，傣族孔雀舞经国务院批准列入第一批国家级非物质文化遗产名录。

从西双版纳出来的舞蹈艺术家杨丽萍，被誉为继毛相、刀美兰之后的"中国第二代孔雀王"，她的孔雀舞超然、空灵，不仅仅是形态模拟，更是通过舞蹈语言表达出了孔雀与舞者、自然与人类本质相通的灵魂。正因如此，她的《雀之灵》总是能触动人们的心灵。

# 第三章　我和草原有个约会

"蓝蓝的天上白云飘，白云下面马儿跑"，悠扬的马头琴声，深情的蒙古长调，欢快的蒙古族舞蹈跳起来……一说起这些，人们就会想起内蒙古大草原。的确，绿色是草原的底色，牛羊是草原的财富，而锡林郭勒，就是广袤的"草原家族"里一颗璀璨的"绿珍珠"。

在草木茂盛的季节，高贵的芍药花与美丽的山丹花争奇斗妍，片片白云在无尽的蓝天中飘游，牧人策马，牛羊游动，加上蒙古包缕缕的炊烟与缓缓行驶的勒勒车，让人顿感心旷神怡，美不胜收。

## 第一节　游览指南

### 景区概况

锡林郭勒系蒙古语，意思是丘陵地带的河。锡林郭勒盟位于祖国首都北京的正北方、内蒙古自治区中部，北与蒙古国接壤，国境线长1098千米；东邻内蒙古自治区赤峰市、通辽市、兴安盟；西接乌兰察布盟；南与河北省承德、张家口毗邻，总面积20.3万平方千米，是距北京最近的边疆少数民族地区。

**锡林郭勒草原**

锡林郭勒地形平坦开阔，可利用的优质天然草场面积 18 万平方千米，有地上植物 1200 多种，具有草甸草原、典型草原、半荒漠草原、沙地草原，草原类型完整，是我国国家级草原自然保护区，1987 年被联合国教科文组织纳入人与生物圈保护区网。

**锡林郭勒草原的蓝天白云**

锡林郭勒大草原是整个蒙古民族的历史文化中心，正蓝旗的奶食加工最为优秀，是历代皇帝的贡品；正蓝旗的蒙古语被确定为现代蒙古语标准音。历史上的锡林郭勒大草原由五个部落组成，由东向西分别是乌珠穆沁、浩济特、阿巴哈纳尔、阿巴嘎和苏尼特。1958 年察哈尔部落也加入到锡林郭勒草原，察哈尔部落是蒙古大汗的住帐部落，始于成吉思汗的黄金家族。今天，这些部落仍然完整地保留着草原游牧文化与风俗习惯。

锡林浩特市是锡林郭勒盟政治、经济、文化中心，这个大草原上的城市也是全盟草原旅游的主要集散地，碧绿的草原与整座城市融为一体，可谓是草原中的城市，城市中的草原。来到这里，"全羊宴"、"手把肉"、"蒙古烤肉"、"涮羊肉"等草原美味，配上悠扬的马头琴声，让人不醉不休的豪情油然而生。

目前锡林郭勒盟以盟、旗所在地为中心，以国、省公路为主干，形成了四通八达的铁路、公路交通网络，通往各景点的路也基本上实现了黑色路面。全盟现有公路 95 条，公路里程 8878 千米，以锡林浩特市为中心四通八达的公路网已初步形成。

锡林浩特铁路与集通铁路线接轨，每日往返呼和浩特的旅游列车朝发夕至。锡林浩特飞机场能够起降波音 737 客机，可直飞北京、大连和呼和浩特，旅游旺季每日都有航班。207 国道张家口至锡林浩特段加宽改造的京张高速公路，大大缩短了京津冀及以南地区的游客到锡林郭勒大草原的时间，从北京出发，陆路 4 个小时左右可进入锡林郭勒草原，7 个小时左右可到达锡林浩特市，北京至锡林浩特航班仅用 40 分钟即可到达。

　　锡林郭勒的气候四季分明，春季气温回升迅速，风多风大雨量少；夏季凉爽多雨，雨量变率较大；秋季天气凉爽，天气晴朗，风力不大，气候稳定；冬季漫长严寒，总降雪量一般在 10~20 毫米。最佳的旅游时间是 7 月下旬到 8 月中旬。

## 🌸 主要景点

　　锡林郭勒大草原自然人文景观众多，这里有横贯草原中部的秦燕金古长城与世界著名的元上都遗址；有典雅庄重的洪格尔岩画和明成祖五次北征留下的玄石坡、立马峰；有历经七代活佛精修而成的贝子庙，其与祭祀圣地白音查干敖包把宗教与蒙古族文化融为一体；还有世界闻名的"恐龙之乡"通古尔，在那掘了亚洲最大、最完整的恐龙化石——查干诺尔龙化石。

### 元上都遗址

　　元上都是目前保留最完整的草原都城，位于内蒙古自治区锡林郭勒盟正蓝旗旗政府所在地东北约 20 千米处、闪电河北岸。这座草原都城，具有游牧文化特色，并融合中国传统建筑于一身，是中原农耕文化与草原游牧文化的完美结合，可与意大利古城庞贝媲美。

　　元朝实行两都制，大都为首都，上都为夏都。每年夏历二三月至八九月，皇帝及随行大臣、官员等有半年时间在这里避暑理政。元朝的主要机构在上都均有分衙或下属官署，上都仍是全国重要的政治中心。

元上都遗址

上都地理位置特殊，"控引西北，东际辽海，南面而临制天下，形势尤重于大都"。对联络、控制拥有强大势力的漠北蒙古宗亲贵族来说，其在政治、军事上均占有举足轻重的地位。元朝前几位皇帝，如忽必烈、铁穆耳、海山等即位的忽里台都在上都举行。元王朝也是从这里出发，征服四十国，建立了横跨欧亚的强大帝国，拥有三千万平方千米的疆域，对人类历史产生深远影响。

元代中外交往频繁，上都常有回族商人往来。意大利威尼斯商人尼古剌兄弟带着马可·波罗到中国，在上都受到忽必烈极高的待遇。马可·波罗在中国居住生活了17年，深得忽必烈赏识器重，他的《马可·波罗行记》详细记述了上都的宫殿、寺院、宫廷礼仪、民情风俗，第一次向世界介绍了中国和东方。

### 玄石坡、立马峰

玄石坡和立马峰在内蒙古自治区锡林郭勒盟苏尼特左旗境内，在苏尼特左旗昌图锡勒赛汗山上有一片裸露在地面的黑白相间大型卧牛石，其中一块卧牛石上刻着"玄石坡"三个大字；另一块卧牛石上刻着"立马峰"三个大字，旁边一巨石上雕有香炉一鼎，马蹄印4个，并有一段铭文。铭文告诉人们，这组石刻是明成祖朱棣于永乐八年（1410年）敕命所刻。

当年明成祖亲率大军北征，与新罕本雅夫里作战，节节取胜，每到一处都要祭祀天地祖宗，并立碑铭记。来到苏尼特左旗昌图锡勒赛汗山一带，敕名此地为"玄石坡"，并敕刻"玄石坡"与"立马峰"石碑铭记。

**玄石坡与立马峰遗迹**

这两块石碑已有近600年的历史了，经过了600年的风吹日晒和雨淋，现在两块大卧牛石上书写的"玄石坡"和"立马峰"几个大字依然清晰可见，几乎没有因为长期的风化而消磨。"玄石坡"和"立马峰"这几个大字苍劲有力，十分有气势，可以看出书写该字的人有着很高的书法造诣。来到玄石坡和立马峰面前，看着两块大卧牛石上这么有气势的书法，依稀可以想象当年明成祖率大军北征节节胜利后祭祀天地祖宗的那种豪情。

"恐龙墓地"——通古尔

地层学上把内陆盆地湖相沉积、含丰富动物化石的地层称为通古尔层。从锡林郭勒盟二连浩特向东北约 9 千米，就是通古尔盆地，被国际上誉为"恐龙墓地"。就是在这里发现了世界上最大的恐龙——查干诺尔龙。

1985 年，在这儿的查干诺尔发掘出了一个巨大的恐龙化石。它的大腿骨长达 1.8 米，比一般的成人还高，它的肩胛骨长达 1.5 米，装架后身长 26 米，高 7.7 米。抬起头来，能够探到四层楼顶，这是迄今世界上发掘的最大、最完整的恐龙化石。这个大家伙，经过专家鉴定，是一条生活在白垩纪早期的蜥脚类恐龙，中外专家当即将其命名为查干诺尔龙。

查干诺尔龙只是揭开了通古尔的"冰山一脚"，据专家估计，神秘辽阔的锡林郭勒大草原还埋藏着很多这样的化石。200 多年来，科学界鉴别出了至少800 多种恐龙。据最新的评估说，还有三倍数量的恐龙化石尚未发掘出来。

迄今为止，在通古尔发现的恐龙化石有亚洲似鸟龙、欧洲式阿莱龙、姜氏巴克龙、蒙古满洲龙等。在通古尔，以恐龙为主的爬行动物化石，其种属繁多、门类齐全。这些珍奇化石，在确定当地的地层时代、开发地下宝藏等工作中，发挥过重要作用。它也为揭示亚洲和中国恐龙世界的秘密，研究它们的起源、发展、形态及构造，提供了重要的科学依据。正如中国古生物学家杨钟健教授说，在通古尔，大量恐龙、鳄鱼等化石的发现，揭开了亚洲四脚类动物之谜。

### 物产饮食

锡林郭勒草原有野生种子植物 1200 多种，其中药用植物 422 种，产量较高的有黄芪、赤芍、麻黄、桔梗、黄芩、甘草、防风、知母、杏仁等。蒙古黄芪是国际上享有盛誉的著名药材，另外，锡林郭勒盟盛产的蘑菇、黄花、发菜、蕨菜也驰名中外。

手扒肉是蒙古人的传统食物，看起来肥肥白白，但实际吃起来肥而不腻，鲜嫩异常，据说肥肉中间包着的瘦肉最为美味。食用时一手抓肉，一手持刀片肉。蒙古人的刀很特别，弯月状，刃开在里面，以示蒙古人的刀永远只对着自己。

马奶酒是用鲜马奶经过发酵变酸酿制而成的，酒精含量只有 1.5 到 3 度。它是流行整个草原地区的传统饮料，历史悠久，最早始于秦汉时代，曾为元朝时期的宫廷和贵族的主要饮料，相传忽必烈曾用金碗盛着马奶酒犒劳将士。马奶酒味道酸辣，有驱寒、活血、舒筋、补肾、消食、健胃功效，被誉为"蒙古八珍"之一，蒙医常用它掺以维生素 C 和消炎药品，治疗胃病、腰腿痛和肺结核等疾病。

奶茶又称蒙古茶，是蒙古族最喜爱的饮料，一日三餐都离不开它。烧制奶茶先要将茶放入水中，待茶色浓度适当时，滤去茶叶，兑入鲜奶即成。锡林郭勒盟南北部地区烧茶有淡、咸之分。

炒米在很长时期内是锡林郭勒盟牧区的主要食品之一。炒米的特点是吃法简便，宜于储存，用奶茶泡食或拌奶酪均可，很适合游牧生活。

奶豆腐，也是蒙古族奶食品的一种，色黄，半透明而有光泽。蒙古语中称"苏恩呼日德"，流行于内蒙古牧区。奶豆腐因其形状不同，味道也是不一样的，厚块奶豆腐吃起来柔软，有浓厚的奶香味，而薄奶豆腐油腻，进嘴即溶，格外香甜。奶豆腐放置时间长就会变硬，所以奶豆腐是不能直接食用的。食用奶豆腐要用热水或是上笼

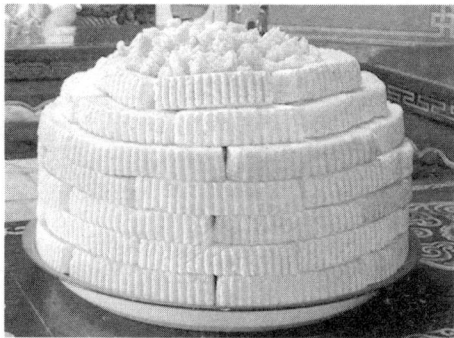

奶豆腐

屉蒸软后再食用，也可以用火烤软后食用。奶豆腐非常解饿，通常可以和奶茶、炒米、熟牛羊肉一起泡着吃，日常和以炒米奶茶食用，游牧或出远门时可以做干粮。

# 第二节　如画的草原风景

蒙古高原的雄阔浩瀚筑就了成吉思汗的伟业，无边热土承载着草原人民

的生命和激情。走入蒙古大草原，其感受如同杯中的茶，可以始终在人生的旅程中余香袅袅，难以忘怀。下面让我们伴随着一位网友的文字，近前地感受一下锡林郭勒草原带给人们的震撼吧！

### 初识草原

汽车在路上奔驰着，随着一路上蒙古文字的渐渐增多，空气变得清新，天空也愈加蔚蓝高远。最令人雀跃不已的，是看到了在草原上奔驰的马群，以及草中夹杂的细碎的小黄雏菊，这已经是城市难得一见的风景，我们的心情豁然开朗起来。

七八月间，草原上百花盛开

葛根敖包，是邻近锡林浩特市边的一个旅游区。位于锡林浩特东北方向 10 千米处。车速很慢。刚出锡林浩特市，铺天盖地的绿色便向眼帘袭来。第一反应，是眩晕。晕在如此一望无际的绿海中，为那种没有任何障碍物蔽目的辽阔的绿所感动。当地的导游笑着告诉我们，这里的草算不上好，跟我们要去的地方相比，这只算是草皮罢了。于是从眩晕中醒来，只是呆呆地望着窗外我们在城市到秋天才偶能见到的蓝色晴空，以及懒散的浮在空中的朵朵闲云。蓝、白、绿，只是这三种色，却搭配得那么清新自然，让我们不得不沉醉。刚出土的草，果然是紧贴着地，很短的，像织好的地毯。路上车很少，所以我们的车子又开始加速，有风驰电掣的感觉。不过在一望无尽的绿海中，又是如此的自然，如果不是这种车速，又怎么能感受到天地一体的自在。渐渐的，草开始高了，茂密了。间或在远处闪现出星罗棋布的白点，是大片的羊群。翠绿的草毯中夹着点点雪白，天、地、羊都沉静，只有淡淡的轻风掠过。在这阳光下，一切都是无比和谐。欢呼和惊叫声都响过，我们也陷入宁静，静静地看着车窗外闪现的一群又一群肥羊。锡林郭勒草原盛产大尾羊，羊尾巴很肥大，大得和脸盆一样。大尾羊里最好的是黑头羊，肉味很特别，据说十分鲜美。一小群黑头羊在我们前面过马路，车子鸣笛，一只可怜的小羊腿一软就跪到了地上。这是我们与羊群第一次近距离接触吧。

### 美食之于草原

在蒙古包，蒙古朋友们早就端着马奶酒、捧着哈达站在了蒙古包外，对我们唱起了迎客的歌曲。早就听说蒙古族是一个能歌善舞的民族，到来了才知道传言不虚。虽然听不懂蒙语，不过音乐是心与心的撞击，草原人的歌声浑厚沧桑，蒙古长调和拖音在苍茫的天地间显得如此动人心弦。我们理解了蒙古朋友对我们真挚的欢迎之情，端起马奶酒，弹酒向上敬天，向下敬地，抹在前额敬父母，然后一饮而尽。马奶酒清香醇厚，回味悠长，如果不是担心喝多了头痛，我倒真想连饮几大碗。

可能是因为旅游区的缘故吧，这里蒙古包是有电的。我们进到蒙古包，换上长袖衣服，擦好风油精，做好了餐前的准备工作。散发着一种特殊香气的奶茶上了桌，我满饮一碗。奶茶是用茶砖煮好兑入鲜奶再煮沸而成的，于茶香之中见奶的浓重，也就是俗称的水乳交融了吧。吃了几块奶豆腐，就看见了炒米。将炒糜子拌上新鲜奶及糖，就成了一碗酸甜可口的炒米了。其作用嘛，就是让没量的人也能多喝三两酒，有量的就更是如虎添翼了。

不一会儿两大盘手扒肉端了上来，肉香扑鼻。手扒肉是蒙古人的传统食物，只是以盐作调料煮出来的，以略带血丝煮得恰到好处的最为嫩美。朋友们为我们切了肉，据说肥肉中间包着的瘦肉最为美味。热腾腾的煮羊尾也上了桌，看起来肥肥白白，但实际吃起来肥而不腻，香滑可口，实为不可多得之美食。

于是推杯换盏，酒到杯干，大碗喝酒，大块吃肉，过起了我向往已久的侠士之生活，事实证明，这种向往果然没错。六十五度的草原白酒，入口极烈，一道酒线直冲入腹，然后整个胃里暖暖的感觉。我虽不是第一次喝白酒，没想到这是高度草原白，俗称闷倒驴。不过，草原的白酒不上头，虽然晕晕的，当然脸也红红的，可是感觉真很不错，朦胧中自己也是一个草原人了。酒过几巡，由于喝得差不多了，只知道还是意犹未尽……草原的朋友们开始唱起了祝酒歌。歌声深沉动人，所以歌唱结束歌者鞠躬之后，我们都站起来饮尽杯中酒。于是又是新一轮的歌唱。

### 草原夜色

坐在草地上仰望星空。从高原上看星空，璀璨夺目，银河星海尽在眼前，难以形容这片星空之美，仿佛黑绸缎上绣着的无尽耀眼繁星，远处是跳跃的篝火和兴高采烈的游人。不多时，整个星空就开始旋转，大片的星河从天际流淌下来，绕满了我身处的四面空间。

再睁开眼已经是凌晨三点半。看到一缕亮光照进蒙古包，我摇晃着走了出去。天已经蒙蒙亮了，清凉的晨风吹来一阵阵花草清香。昨天到的时候天已黑了，对周围景色没有注意。在湿润淡爽的空气中，我用惺忪的睡眼看到了草原清晨的美景：稀疏的各色小花，夹杂在草丛中，随轻风摇曳。艳阳下的花朵虽然也很美，但远不如清晨的小花这样娇羞可人。各种不知名的植物舒展着枝叶。枝叶上滚动着晶莹别透的露珠。在淡淡的晨光中，一切花草都笼罩着一层薄薄的青色。也许正是因为看不清楚，所以格外多一分朦胧的美吧。

# 第三节　大自然的报复

### 草原退化，风沙来袭

锡林郭勒草原是驰名中外的天然草牧场，草原总面积2.95亿亩，占全盟总土地面积的97.3%，其中可利用草场面积为2.67亿亩。境内有全国唯一被联合国教科文组织纳入国际生物圈监测体系的草地类自然保护区——锡林郭勒国家级自然保护区。锡林郭勒草原属欧亚大陆草原区亚洲中部，地处森林向草原、典型草原向荒漠草原演变的过渡地带，草场类型以草甸草原、典型草原和荒漠草原为主，由东向西分布着不同类型的天然草原植被，主要分为三个草原区和一个沙地植被。

丰美的草原本来应该是锡林郭勒盟的骄傲，但是草原的命运随着经济的发展而变得多舛。1989年，有着畜牧业大盟之称的内蒙古锡林郭勒盟，牲畜首次突破1000万头只，实现了锡林郭勒盟几代人的夙愿。到1999年牲畜头数超过1800万头只，居全国地市级首位。可谁都没想到，这一连串令人骄傲的数字背后却隐藏着草原的巨大隐患：始终没有摆脱传统粗放靠天养畜方式，由于过度放牧，以及自然灾害和气候变暖等诸多因素的影响，草原生态环境不堪重负，最终导致长期积累的生态危机在世纪之交集中爆发，昔日广袤美丽的锡林郭勒草原饱受荒漠化折磨，从畜牧大盟一下成为全国生态恶化和经济落后双重矛盾最为尖锐的地区之一。

当人们走在锡林郭勒盟首府锡市大街中心时，会发现一座由牛、马、羊、驼组成的群雕，中间耸立着纪念碑，碑文上写道：

经锡林郭勒盟几代人的共同努力，全盟牲畜总头数一九八九年突破1000万，锡林浩特市委、市政府受中共锡林郭勒盟委、锡林郭勒行署委托建此群雕，以志纪念。

一九九○年七月二十五日

碑文的内容与草原现状两相对比，让人不但不能激起敬意，反而心情格外沉重。正如恩格斯在《自然辩证法》中所讲到的："我们不要过分陶醉于我们对自然界的胜利。对于每一次这样的胜利，自然界都报复了我们。"

1999 年开始的锡林郭勒盟连续三年干旱期间，全盟牲畜减少 400 多万头只。当时，生态环境严重恶化，牧草高度只有 10～20 厘米。当地频繁的沙尘暴和频发的自然灾害不仅给这片草原带来了巨大损失，也让草原之外的人们感受到了这里的生态危机。有数据显示，2000 年，锡林郭勒大草原西部荒漠半荒漠草原和部分典型草原约有近 5 万平方千米"寸草不生"，并且流沙面积以每年 130 多平方千米的速度扩展，全盟农牧民人均可支配收入由 1999 年的 2236 元下降到 2000 年的 1823 元。到了 2006 年，锡林郭勒盟退化、沙化草场面积已达 18446 万亩，占可利用草场面积由 1984 年的 48.6% 扩展到 64%。西部荒漠化草原和部分典型草原约有近 7500 万亩"寸草不生"。锡林郭勒草原乌拉盖地区曾是东乌珠穆沁旗最好的草场，当年没膝深的草场已被大面积开垦，取而代之的是一望无际的农田和一个挨一个的村庄和作业点。据介绍，仅乌拉盖农牧场管理局开垦草原就达 50 万亩。另外，全自治区每年还有 1.7 亿亩草地因滥采、滥挖、滥割而遭到破坏，其中 6000 万亩草场已完全沙化。

据当时内蒙古畜牧科学院草原研究所研究表明，内蒙古几大草原已形成了大面积沙地或沙带。更可怕的是，10 年间，这些沙地或沙带从西向东推进了 100 千米，直接威胁华北和北京。

草原生态恶化，谁之过

锡林郭勒草原生态环境恶化、草场退化、沙化、水土流失的原因包括自然因素和人为因素两个方面，其中人为因素又是最直接和最主要的原因。

## （1）自然因素

锡林郭勒盟地处中纬度西风气流带内，属中温带半干旱大陆性气候。由于其南部和东部有高山隆起，阻挡了夏季风的深入，隔断了南来的水源，大气水分缺乏，降水量减少。冬季在欧亚大陆蒙古高原—西伯利亚冷压的控制下，加上开阔的区域，寒流长驱直入，形成了该地区"寒冷、风大、雨不均"的气候特征。据气象资料表明全盟年平均降水量呈下降趋势，而年平均气温却不断升高，增加了干旱程度，加上堆积的大量疏松的沙质地表是造成生态环境恶化、草场退化、沙化、水土流失的潜在因素。

## （2）人为因素

由于锡林郭勒盟特殊的地理位置和脆弱的生态环境，加上不断增加的人口对草原的过度利用导致了草原不断恶化的后果。

从锡林郭勒盟的统计资料表明，新中国成立后人口直线上升，而人口的不断增加需要越来越多的生活和生产资料。为此，人们不断地发展畜牧业、农业、交通运输、建筑业，不断开发自然资源，却没有考虑如何合理开发、利用、保护草原，使人口、资源、环境能够协调发展。畜牧业的发展，致使全盟可利用草场面积大大降低。为了获取粮食和经济利益而进行的农业耕作开垦，使草原大面积受到破坏。锡林郭勒草原属于温带干旱草原，生态系统极为脆弱。这一地区年平均降水 300 毫米，无霜期 90～110 天。就这样的一个自然环境中，在历史上出现过两次大规模的草原开垦，历史也证明了开垦种植草原最终以失败而告终，相反，留下的是荒芜退化了的草原。事实上，到现在为止开垦草原的行为也一直没有终止过，只不过和过去比有面积规模大小区分而已。即使是现在耕作的土地因受耕作技术和自然环境条件限制，也会逐渐失去耕作价值而撂荒。其原因是种植的土地有 9 个月的裸露期，而在这 9 个月中正好是季风猖獗时期，土壤中的有机质就会因风蚀而分解，从而逐步降低土壤肥力。另一个原因是受降水限制，种植土地打的深水井，往往因为使用成本高或者水位下降成了废井。

由于草原开阔平坦，车辆行驶不受任何限制，因而形成了蜘蛛网状的"自然公路"。此外，建筑业发展、矿产品开发、随意樵采、滥挖药材、搂发菜、打猎等行为加剧了草原的退化、沙化和水土流失。根据统计，在草原上每挖一公斤甘草就会破坏 5 平方米的草原，挖 5 棵芍药就破坏 1 平方米的草原。发菜只有在荒漠草原上生长，表

大片草原正在退化

面看搂发菜不破坏草原，事实上搂发菜直接破坏了地表植被的网状结构，为风蚀草根提供了条件而引起大面积的草原退化。草原上的野生动物是草原生态系统中不可缺少的一个环节，这些年成群的百灵鸟飞过蓝天的景象已经极为少见，原因就是它在内地的身价高了，捕捉它们的人多了，有的人甚至以此为谋生手段。根据统计，一对百灵鸟在一个繁殖期内就吃掉 20 公斤蚂蚱，这些年草原蝗虫频繁爆发与百灵鸟的减少不无关系。狼更是几年来难得看到，且成了餐桌上的上等佳肴。我们没有理由不相信如果草原上的野生动物灭绝了，那么这片草原也就不存在了。这些直接的人为因素破坏了草原生态系统内部的自我调节能力，使草原的生态环境极度恶化。这种掠夺性的经营方式使草原畜牧业已经陷入绝境。用生态环境付出的巨大代价，是难以用经济账来计算的。

从天而降的警告

当我们把目光再投向整个内蒙古大草原，可以惊讶地发现如今的草原荒漠化已经严重威胁着生态平衡及社会、经济的可持续发展。内蒙古大草原本是防止沙漠南侵的绿色屏障，如今却变成了沙尘源。随着草原的不断退化，灾害性的沙尘暴天气越来越频繁：20 世纪 50 年代发生过 5 次，60 年代发生

过 8 次，70 年代发生过 14 次，90 年代发生过 23 次，已数次侵袭江苏、安徽，直至福建。一次大的沙尘暴可以让上千万吨浮土远距离大搬家，沙尘遮日，白天伸手不见五指。风沙和浮尘带来大量有害物质，造成严重的空气污染。沙尘暴引起的大气环境问题，降低了受影响地区的生活质量，给受影响地区的人体健康和生命安全带来严重隐患。

目前，我国严重退化草原近 1.8 亿公顷，并以每年 200 万公顷的速度继续扩张，天然草原面积每年减少约 65 万至 70 万公顷，同时草原质量也不断下降。西部和北方地区是我国草原退化最为严重的地区，退化草原已达草原总面积的 75% 以上，尤以沙化为主。

草原退化还使大量基因和物种消失，这些损失难以直接用经济指标计算。据联合国环境规划署评估，这种损失远远大于生态破坏所造成的直接经济损失，有时为 2~3 倍，甚至达到 10 倍。草原退化的同时，水土流失逐年加剧，降雨量普遍减少。

一位草原生态学家痛心地说，新中国成立以来，我们在草原问题上有很多重大失误：只顾鼓励发展牧业生产，却忽略了应有相应的科学管理和草原建设；只顾单方面重视发展农业，提出向草地要粮，盲目毁草开荒，使很多优质草场沦为农田，又废弃为荒漠。

# 第四节　为了草原的明天

美丽的草原我们的家

草原文明和农业文明一样，是中华民族文明发展的支柱之一。草原民族在历史上形成了很好的保护环境和生态的意识和观念，这是中华民族的宝贵精神遗产。文明多样性是人类社会的基本特征，马背民族创造出来的草原文化具有多方面的历史价值，应该得到充分的尊重和保护。从生态学的角度来看，内蒙古草原是华北平原和京津塘地区的天然屏障。经过与沙尘暴的多年斗争，这样一种认识已经越来越深入人心。

人类生于自然，依赖于自然，与自然血肉相连。自然是先于人的存在的，没有自然，人类不可能得到生存与发展。草原是大自然的一部分，是地球的一部分。草原的形成史和人类的发展史密切相关，中华民族特别是北方游牧民族在漫长的发展过程中形成了独特的保护草原、善待草原的思想观念和意识，可以说他们与草原有着天然的血缘关系，爱护草原、珍惜草原，与草原和谐相处，应该是一种"天然的本能"。

真正实现人与自然的和谐，仅靠外在的强制是不够的，必须在人们心中构筑起牢固的生态道德防线，把习惯号令自然、改造自然的主人，变为善待自然、与自然和谐相处的自然之子，才能从根本上解决生态危机。置生态环境于不顾，生态道德观念不强，不遵循自然规律，盲目开发，造成了生态失衡的恶果。保护草原的生态环境，要大力加强生态道德教育，不断促进人们生态道德的提升，用生态道德的提升增强人们对草原的保护意识。

只有对自然、对草原有着深深的爱，才会高度自觉地与自然和谐相处。人类与自然的不可分性，特别是在人类走向工业社会的今天，大工业的不断发展、市场对利益的无止境追求，在给人类带来好处的同时，也给人类的生存环境带来了许多挑战与破坏，在这样的情形下，我们对草原的关注与厚爱将变得非常重要、非常值得，因为保护草原、爱护草原实际上就是保护我们自己。

### 锡林郭勒的绿色明天

锡林郭勒草原是京、津地区及华北地区的重要生态屏障。加速治理草原退化、沙化、水土流失，不仅有利于实现草地资源的永续利用，促进地方经济的可持续发展，而且对于改善周边地区，乃至更大范围的生态环境具有重大意义。

对锡林郭勒草原的草地资源、土壤资源、水资源等状况曾在20世纪80年代做过系统的普查。至今已过去近30年，草原的自然状况发生了很大的变化，要想从根本上治理恶化的草原生态环境，必须全面、准确地掌握草原的现状资料。因此有必要对草原的现状进行一次综合性的详查。根据普查结果，按草原现状进行科学的论证与规划，因地制宜地把生态环境建设搞好。要保证生态环境建设工程的植被类型与区域水资源、土壤立地条件相匹配，遵循自然规律，切实做到适地适水适草。在生态建设、水土流失治理、沙源治理工作中，合理配置工程措施、生物措施以及草、灌、乔，科学确定草种、树种和林种比例，把生态效益、社会效益和经济效益有机地结合起来。要充分发挥各类科研院所和专业人才的作用，指导生态环境建设。同时应建立起生态系统的监测网络，以便对整个生态系统的发展变化、实施治理后的成效及作用，对组成生态系统各因素的影响做全面的监测，为今后的工作提供更可靠的依据。

随着我国社会主义市场经济体系的逐步建立，法制体系也逐步形成。近十几年来我国先后颁布了《草原法》《土地法》《水土保持法》《环境保护法》《防沙治沙法》等法律、法规，对草原的开发、保护、建设有着明确的规定。近年来，各地深入贯彻落实《草原法》和《国务院关于加强草原保护与建设的若干意见》，出台了一系列政策，采取了多种措施，广泛宣传动员，层层落实责任，不断推进和完善禁牧休牧制度。截至 2005 年底，全国禁牧草原面积 5.7 亿亩，休牧草原面积 5.4 亿亩，取得了良好的生态、经济和社会效益。草原植被得到初步恢复，生态环境明显改善。内蒙古西部地区禁牧区草原植被覆盖度提高 10～20 个百分点，牧草高度增加 5～25 厘米，产草量提高 15～25 公斤。锡林郭勒盟牧草盖度提高 7～10 个百分点，牧草高度增加 4～15 厘米。

为了保护草原，从 2000 年开始以京津风沙源治理工程为首的一系列生态治理工程在内蒙古实施，春季休牧、禁牧轮牧、草畜平衡、生态移民等牧民们原本陌生的词汇开始与锡林郭勒牧民们的生活息息相关。从 2002 年开始，为保护草原脆弱生态，恢复草原植被，锡林郭勒盟实施了以"围封禁牧、收缩转移、集约经营"为主要内容的围封转移战略。他们以春季休牧为主，辅助全年禁牧和划区轮牧的方式实施禁牧。从 2004 年起，每年的四五月份是内蒙古草原的春季禁牧期。为了草原顺利返青，这期间内蒙古不少草原禁止牲畜进入，在为期 30 天至 45 天的禁牧期，蒙古族牧民需要改变祖先传下来的放牧方式，在棚舍里圈养牛羊。通过几年的治理，锡林郭勒大草原生态总体恶化的趋势得到有效的遏制，全盟的浮尘、扬尘和沙尘暴天气明显减少，由 2000 年的 27 次下降到 2005 年的 6 次；全盟草原植被平均盖度由 1999 年的 30% 提高到 2006 年的 45%，西部荒漠半荒漠草场植被平均盖度由 17% 提高到 41%。浑善达克沙地流动半流动沙丘面积由 2001 年的 7120 平方千米减少到目前的 4053 平方千米。

通过锡林郭勒盟各族人民的共同努力，草原的生态得到了改善，绿色大地重归草原怀抱。天蓝了，水清了，山绿了，民富了，美丽辽阔的锡林郭勒大草原重新焕发了勃勃生机，又以它莽莽苍苍、雄浑万里的气势和悠悠千载、壮阔博大的情怀吸引着国内外游客，再次成为人们向往的天堂草原。

# 第四章 寻访"世界沙都"

在宁夏中卫境内，如野马般奔腾着的黄河在经过黑山峡时来了一个急转弯，这一个急转弯，使黄河一改往日的汹涌而缓缓流淌；这一个急转弯，造就了一个神奇的自然景观——沙坡头。

放眼四望，满目沙丘如虬龙蜿蜒，一望无际；侧耳倾听，金灿灿沙砾在脚下流动，发出阵阵悦耳的清韵。黄河、大漠、沙山，胜景如画；自然景观、人文景观、治沙成果，交织辉映。这里，是宁夏的沙坡头，这里，是驰名中外的"世界沙都"。

## 第一节 游览指南

### 景区概况

沙坡头旅游区位于中卫县城西20千米处，北接浩瀚无垠的腾格里沙漠，南抵香山，东邻中卫经济开发区，西达黄河黑山峡。沙坡头在1984年开发为旅游风景区，是宁夏著名旅游胜地，也是国家级自然保护区、国家首批"AAAA级旅游区"。2004年沙坡头被评为"中国十大最好玩的地方"之一，2005年10月被评为"中国最美的五大沙漠之一"，2007年被评为国家首批"AAAAA级旅游区"。这里的治沙成果曾获得联合国"全球环境保护500佳"单位荣誉称号，而且以其"麦草方格"治沙成果享誉世界，被国际友人称为"世界沙都"。沙坡头计划将建成全国沙漠旅游基地、国际治沙学院、中国沙漠博物馆。

沙坡头古时称沙陀，元代称沙山，《明史·地理志》载，中卫"西有沙山，一名万斛堆。大河在南"。《读史方舆纪要》载，中卫"西五十里，因积沙而成，或云即万斛堆。"在历史上，它有一个十分响亮的美名，叫鸣沙山。《读史方舆纪要》摘引元代史志记载说："自兰州而东，过北卜渡，至鸣沙河，过应理州，正东行至宁夏路。鸣沙河，即宁夏中卫鸣沙山南黄河也。"据考证，中卫地区至少在 3 万年以

沙坡头景区

前就有先民繁衍生息。黄河流经这里，便有了塞上江南的美誉，所谓"天下黄河富宁夏"。沙坡头的正式得名是在清代乾隆年间，当时，黄河北岸形成了一个宽约 2000 多米，高约 200 多米的大沙堤，人们称之为沙陀头，讹音为沙坡头。

沙坡倾斜 60 度，高大的沙山悬若飞瀑，游人滑沙如从天降。由于特殊的地理环境和地质结构，人在沙坡顶上顺坡下滑，沙坡内便发出"嗡、嗡"的轰鸣声，犹如金钟长鸣，悠扬洪亮，故称"沙坡鸣钟"，是中国三大响沙之一。沙坡底下，有三眼清泉，经年累月，源源不断，汇入东南沙坡下的果园

美丽沙坡头

内，被当地人称为"泪泉"，民间还流传着泪泉的传说。这片园林古时称"蕃王园"，园林东边有"桂王陵"，桂王陵碑文依稀可辨，大概为明代遗址，如今叫"童家园子"，因曾经为童姓人家居住而得名。园林面积不大，但避风向阳，林木茂盛，溪流潺潺，鸟语花香，既具江

南景色之秀美，又兼西北风光之雄奇。被游人誉为"沙海绿洲"。绿洲南临黄河，奔腾的黄河自黑山峡至沙坡头，一路穿峡越谷，九弯八折，在沙坡头形成"几"字形大弯，南岸形成"u"形半岛，似天工巧陈，缔造出了沙坡头胜景。

这里集大漠、黄河、高山、绿洲为一处，悠久的黄河文化和自然地域的过渡性、多样性，使北国的雄浑与江南的秀美和谐地交织于这里。这里有横跨黄河的"天下黄河第一索"、黄河文化的代表——古老水车、中国第一条沙漠铁路、黄河上最古老的运输工具——羊皮筏子。还有唐代著名诗人王维描写的"大漠孤烟直，长河落日圆"的雄浑景观。所有这些都为沙坡头成为世界级旅游胜地奠定了坚实的基础。独特的自然景观、丰厚的人文景观和闻名世界的治沙成果，还有独特的游玩方式，共同组成"世界垄断性的旅游资源"。

沙坡头景区处于沙漠和草原的过渡带，属于干旱气候区，平均气温9.6℃，最高气温38.1℃，最低气温 –25.1℃。年均降水量186.2mm。旅游时间以春、夏、秋三季为佳。

**主要景观**

古时沙坡头就有中卫八景中的三大景观，今天的沙坡头又增添了几处壮美的景观：铁龙越沙、古渠流水、黄河弄筏、河湾水车。

滑 沙

沙坡鸣钟

《读史方舆纪要》摘引元代史志记载说："元志：自兰州而东，过北卜渡，至鸣沙河，过应理州，正东行至宁夏路。鸣沙河，即宁夏中卫鸣沙山南黄河也。"这里所说的"鸣沙山"，即今之沙坡头。鸣沙山有特异功能。《元和郡县图志·卷第四》说，此地"西枕黄河，人马行经此沙，随路有声，异于余沙，故号鸣沙"。从唐、宋、元明以来，沙坡头的"鸣沙"成为宇内异景，史不绝书。《弘治宁夏新志·卷三·详异》说："沙关钟鸣，城西四十里，沙关朝暮有声如钟，天雨时益盛。"

这里的沙子，一年四季都能发出一种奇妙的声音。当然，以夏秋为最响。盛夏，天气晴朗，烈日炎炎，沙丘表层温度可达70度（曾经有人埋下鸡蛋，不到半小时就烤熟了）。如果冒暑登上坡顶，顺势下滑，即刻会听到嗡嗡嗡的轰鸣。起初，那声音宛如古刹钟声，由远及近，悠扬洪亮；继而，又像凌空的飞机，隆隆作响；随后，又像千万铁骑驰奔疆场，吼声贯耳。其实，沙漠"唱歌"是有其科学道理的。1959年夏末，我国著名地理学家竺可桢教授考察沙坡头时，曾以古稀之年，兴致勃勃地爬上沙堤下滑，体验了"鸣沙"的生活，事后著文说，两千年以前，我国劳动人民早已通过实践道破了鸣沙的奥秘。由于坡陡、沙大、沙子里含有很多石英，经阳光照射发热，或风吹或人马走动，加压摩擦，就会发出声音。近年来，不少中外游客结队前来"沙都"观赏，纷纷以身试沙，乐在其中，赞不绝口。

白马拉缰

站在沙坡头沙岭之巅俯视黄河，画图般的美景展现在眼前，自西向东有一长两千米石坝，在水流湍急的峡谷中将滔滔河水劈成两半。河水上涨时，沿石坝一线，奔腾咆哮，浊浪排空，好似黄龙翻滚，势吞斗牛；河水下降时，石坝青苍嶙峋，蜿蜒曲折，如同青龙戏水，悠闲自若。这就是黄河上的第

白马拉缰

一道无坝引水工程，有名的美利渠口。"天下黄河富宁夏"，就是从这里开始"富"的。远看如巨龙戏水奔腾咆哮气壮山河。黄河从黑山峡至沙坡头60多千米流程中，两岸山峰峭立，险滩幽谷，比比皆是，尤其在沙坡头段，先民们利用黄河水资源，开流挖渠，引水浇田，创造了在河心筑堤分水、

自流灌溉的奇迹。沙坡头被称为黄河"都江堰"。为纪念先民的聪慧与伟大而建造的白马拉缰雕塑迎风破浪，巍然耸立。一匹汉白玉马昂首长啸，扑向前方，马尾上翘，踏波斩浪，欲腾空而起，白色的缰绳宛如一条长长的飘带，蔚为壮观，似向游人诉说着古老的黄河故事。

### 沙岭笼翠

世界上第一条沙漠铁路——包兰铁路穿越沙海，畅通无阻，形成人间奇观。这里有为防风固沙保护铁路而建立的"五带一体"防风固沙体系，堪称世界一流的治沙工程——麦草方格沙障，在铁路两侧形成绵延几十千米的绿色屏障，被称为"沙岭笼翠"，是沙坡头新景之一。

### 铁龙越沙

沙坡头向西的55千米路段，正处于腾格里大沙漠的东南前沿，沿途全是几米到几十米高的流动大沙丘。站在高高的沙丘上，但见一列列火车呼啸穿梭，宛如一条条铁龙在金灿灿的沙海中迎风搏浪、勇往直前，这便是沙坡头又一新景的"铁龙越沙"。

### 黄河弄筏

黄河从黑山峡进入沙坡头，九曲八折一路奔腾而下。更为奇特的是这里有黄河最为独特的漂流工具——羊皮筏子。这种由14张囫囵羊皮（当地称之为"浑脱"）做成的筏子是黄河大漠一带水上运输必不可少的交通工具，小者一个人抱一只浑脱在腋下便可泅渡，大的可一百几十只连成一个大皮筏，载重达二三十吨，航程可达数百千米。可惜，我们已看不到那种超级大筏的"壮观"，只能看到农夫驾着小筏子出没在黄河的峡谷河段，还有自己乘羊皮筏漂游去领会古诗说的，"不用轻帆和短棹，浑脱飞

羊皮筏子漂流

渡只须臾"。

### 炭山夜照

中卫城区上河沿烟洞沟露天煤自燃的景观。炭山又名小洞山，位于中卫城区黄河南岸常乐镇，其山梁下藏有烟煤，由于地震裂缝、小窑采挖、太阳暴晒等，使浮山煤自燃，经年不息。白天看去烟气缭绕，人行其侧如腾云驾雾；夜间观之，则火焰熊熊，如万家灯火，微风吹动，此灭彼燃，其景殊为壮观。《中卫县志》载："……未知燃自何时，第见日吐霏烟，至夜则火焰炳然，烧云绚霞，照水烛空，俗呼为火焰山。"古人有诗云："列炬西南焰最张，千秋遗照在遐荒。因风每似添宵烛，经雨何曾减夜光。隔岸分明沙有路，临流炳耀离为方。万家石火资余烈，雾锁炊烟十里长。"然而，有燃必有熄。随着时间的推移，地壳发生了剧烈变化，煤炭不再自燃，缕缕青烟依然如故，但熊熊火焰已不复存在。

改革开放以来，常乐镇充分利用当地资源优势，大力发展乡镇企业，沿小洞山开办了煤矿。为了提高经济效益，他们又把开采出来的原煤点火炼焦，沿山遍布炼焦煤堆。煤堆点火后，白天望去烟雾锁绕，至晚则火焰腾霄，宛如山城灯火一般，其景酷似前诗所述，故当地百姓称作"夜照明灯"。这样，使中卫原已消失的"炭山夜照"这一胜景又得以延续下来。

### 河湾水车

沙坡头双狮山上有两架6米高的黄河老水车。水车是黄河沿岸一种古老的提水灌溉工具，据记载在西夏时便开始使用了，而今多被淘汰。水车也叫天车，车高10米多，由一根长5米，口径0.5米的车轴支撑着24根木辐条，呈放射状向四周展开。每根辐条的顶端都带着一个刮板和水斗。刮板刮水，水斗装水。河水冲来，借

黄河老水车

着水势缓缓转动着十多吨重的水车，一个个水斗装满了河水被逐级提升上去。临顶，水斗又自然倾斜，将水注入渡槽，流到灌溉的农田里。由于沙坡头旅游景区内的水车在造型和原始风貌上是黄河流域段内其他地方所不可比的，由著名电影艺术表演家斯琴高娃主演的大型电视连续剧《老柿子树》便是在此拍摄的。

### 堑山堙谷

《史记·蒙恬传》中写道："吾适北边，自直道归，行观蒙恬所为秦筑长城亭障，堑山堙谷通直道。""堑山堙谷"是指人工劈削山崖墙体。堑山堙谷在历史上一段时间曾被认为消失，是一历史之谜。在沙坡头黄河南岸，位于高山之巅的人工垒砌堵塞豁口墙体、人工劈削山崖墙体、大型烽火台及高山险阻共同连缀构成了一道险峻的军事防御工程体系。《秦本纪》说秦国"后子孙饮马于河"，指的就是秦国西部、北部疆界已到达陇西、北地的黄河岸边，即已到达今甘肃兰州、靖远、宁夏中卫的黄河东岸、南岸了。秦昭王修筑"拒胡"长城时，必然要将陇西、北地、上郡所辖地域全部包括于他所筑的"拒胡"长城以内。因此，秦昭王曾在今甘肃临洮、兰州、靖远，宁夏中卫黑山峡，沙坡头的黄河东岸、南岸修筑有长城应是必然的。毫无疑问，这是一道古代遗存下来的长城遗迹。与《史记》里"堑山堙谷"的记载相吻合。

## 物产饮食

沙坡头虽说是沙漠边缘地带，不过还是有自己的特产的。"宁夏五宝"中的红、白二宝就产于此地。

红，指的是枸杞，居"五宝"之首。由于这里得天独厚的自然条件，沙坡头出产的枸杞往往较其他地方的枸杞品质优良得多，其营养成分和药理活性成分颇为丰富，被国际上公认为"富集锂"的植物。苏东坡在《小圃五咏·枸杞》中就有"根茎与花实，收拾无弃物"之句。因此一直以来都受到世界各地人们的欢迎。

白，指的滩羊皮。宁夏滩羊属羊尾脂、粗毛型。裘皮用绵羊品种，在世界裘皮中独树一帜。白色皮张毛色洁白，光泽如玉，皮板薄如厚纸，但质地坚韧，柔软丰匀，保温性极佳，实为各类裘皮中之佼佼者，很早以来就是传统的名牌出口商品，也是制作毛毯、披肩、围脖等装饰品的高级原料。宁夏产的提花毛毯，便是以此为原料制成的，并以其独特的风格驰名世界。

该地的饮食以面食为主，滚粉泡芋头、漩粉凉菜、硬面干烙子都是面食类的特色小吃。主要菜肴有中卫鸽子鱼、扒驼掌、清蒸羊羔肉、羊杂碎、牛羊肉酥、手抓羊肉、羊肉泡馍、油香、清真奶油糕点、马三白水鸡等。

# 第二节　塞上沙魂

山在天地之间，蕴灵孕秀，出于造化之功，有不可思议者。山以石为骨，非石无以成岩嶂之嵯峨。然沙坡头之为盛，却代石以沙，光华璀璨，望之浑然似鎏金之积累。其山也，上跻罕级，次级倾倒，而下仿佛霓裳曳带，飘忽而降凡壤，使人作缥缈玄虚之想。且年之所接，恍闻周景无射之镈，乃有沙坡鸣钟之称。此奇景也，晴日登眺，则古塞沥沥，套水滔滔，长车穿越漠野沙碛而过，比之虬龙之嘘气而蜿蜒他若。沙海日出，炭山夜照，及白马拖缰诸名迹，洵有不暇应给之慨。曩昔视为西陲畏途者，今则时移世变，中外宾客纷至沓来，不啻韬光之明珠，匿采之良璞，亘豁露其震填炫煌，能不起懿歆其盛之叹哉。

——郑逸梅《沙坡头碑记》

唐朝时，大诗人王维以监察御史之职出使塞上，宣慰得胜的将士，来到宁夏一带，写下了《使至塞上》的著名诗篇："单车欲问边，属国过居延。征蓬出汉塞，归雁入胡天。大漠孤烟直，长河落日圆。萧关逢候骑，都护在燕然。"后来，人们寻找那脍炙人口的名句所描绘的"大漠、孤烟、长河、落日"的壮观画境到底在哪里，发现没有比在沙坡头所见到的景象与诗意更贴切的了。

滔滔黄河从甘肃与宁夏交界的黑山峡奔突而出，冲向宁夏平原，河谷豁然开朗；浩瀚无限的腾格里沙漠，沙海莽莽、金涛起伏，由北面滚滚而来，到这

瑰丽沙坡头

里却突然而止，伏首在黄河南岸的香山脚下；昔日边塞长城的残垣超过黄沙、草原、荒漠，蜿蜒直抵黄河北岸；苍茫山地、沙漠、黄河、长城却并不荒凉，一片片绿洲生机盎然——远树、田园、房舍和袅袅炊烟……这一切，被大自然鬼斧神工地融合在了一起，谱写出一曲大自然的梦幻交响曲，在血红的残阳下更显得雄浑壮阔。

下面，让我们随着张建忠的散文《观沙都》，一起去感受沙坡头的美丽。

七月的沙坡头，景色宜人，空气像过滤了一样纯净。黄河冲出峡谷，在沙坡头拐成了一个月牙形大弯，河弯上空一条索道连接南北，像极优美的抛物线垂临河面，悠悠地，悠出另一番壮观来。索道缆车承载着一群群身着鲜艳服装的丽人在空中悠悠滑行，给这神奇的沙漠黄河上空添了一片彩云……

在举世闻名的沙坡头乘天车观光，更觉沙漠神奇，黄河壮观。放眼远眺，号称中国第四大沙漠的腾格里沙漠，从远处逶迤而来，如波涛汹涌，延伸到黄河边，便被滚滚东去的黄河扼住喉头，戛然驻足，陡然聚起一百多米高的沙峰，这就是沙坡头。

从沙乳峰上爬过的火车像赛跑的巨人在冲刺，发出粗壮的喘息，最后消失在蔚蓝色的天际。穿过百里沙漠的铁路、公路像奔驰的骏马甩下的绳索，拖出两道弯曲的线。这两条国道通过沙漠腹地，而不被流沙吞噬埋没，令中外人士惊愕。而这一奇迹的根底，就是罩在路侧上的麦草方格。它像金色的渔网，网住了流动的沙尘，肆无忌惮的沙龙被降伏，表现出中卫人的聪明和才干。"铁龙越沙"便成为国内唯一的景点。草方格内栽植的野生灌木"花棒"，人称"沙漠姑娘"，花朵艳丽透红，微风徐来，翩翩起舞；沙拐枣敞开胸放出野性十足的黄花朵；小叶杨、箭杆杨像上阵的将士目视前方；沙枣、红柳、胡杨、沙柳像卫兵一样包围了沙漠。横卧在沙地的河流，像动脉血管伸张开来。抽水机把黄河水送上了沙漠，于是，一幅"海市蜃楼"的仙境显现了。

辽阔的天空，泛着朵朵白云，夕阳将白云燃成一团团火；沙丘也被染得通红通红，分不清哪是云哪是沙漠……夜幕降临，沙坡头蒙上一层神秘的面纱，诡谲、静谧，只有天上闪烁的星斗，静卧在丘岭间的村舍的零星灯光，给人一种亲近的感觉。偶尔，有灯光被列车切断，倏然间似一颗熄灭的流星……此时，人仿佛溶化在黑暗里，脱离了尘地，飞升到一个陌生的世界……

"大漠孤烟直，长河落日圆"的诗句勾起苍凉雄浑、寂寥空灵的意境，给人以无尽的遐想。

沙坡头的美，是沙、河、山、园的天工巧陈，她浑然一体，既展示着曲谱，又是每个音符合成的一曲大自然瑰丽的交响乐。作为主旋律的沙坡鸣钟，又是沙漠中的一大奇迹，人从百米高的沙坡上滑下来，一种似钟似磬的"嗡"声接连奏出，仿佛是细腰楚女在演奏，编钟抑扬顿挫，使人神魂颠倒，醉哉痴哉。有沙坡鸣钟，从而又有了一个动人的传说：这里很久以前是一座美丽的"桂王城"，她的北方邻国叫北沙国。有一年，桂王城的王子吴祺战败被俘，在当晚被迫和北沙国公主成亲。王子半夜偷马归来，臣民举杯相庆，载歌载舞。在欢乐之际，北沙国大兵压境，不到一个时辰，"桂王城"便被黄沙淹没。从此，神钟惊人地发出"嗡"声，也有说是琴声。沙坡鸣钟下面，涌出的几股晶莹泉水，好似公主和楚女的泪，汇成一条清澈的小溪，汩汩流向河中。溪边长着许多奇花异草，又嫩又鲜又活，可染面蒸食，香味悠长，药用效力甚佳。这泉有两个美名：泪泉、艾泉。泉的方圆百十亩大一块平整地方叫童家园子，有二三十户姓童的人家世代相袭住在这里，靠神泉赐给的圣水种地生活。果园三面环沙，一面靠河，园中的桃、杏、梨、枣，个大肉厚，香甜味美，虫子从不侵害。当北疆大地还在依恋冰雪寒冷之时，这里已是绿草如茵、柳树叶翠之时。阳春三月，园中草碧花香，群芳斗艳，蛙鼓蝉鸣，鸟语欢歌，驼铃悠扬，幽静恬淡的田园气息令人陶醉……

沙坡头下面的黄河在此拐弯掉头直接朔方平原。宁夏最古老最大的引水堤坝——美利渠堰，像传说中的"白马拉缰"的缰绳自河中将奔腾咆哮的野马拽上岸。河水中卵石光怪陆离，五颜六色，与溅起的浪花溶为一族，为"母亲"的美景添色。古时的河运工具羊皮筏子荡漾在河中，载着八方游人漂游，浪尖将筏子托起又轻轻放下，一个"险"字着实惊人，顿时，你会觉得征服黄河的快感传遍全身，更觉"黄河母亲"怀抱情意浓浓……

坐在索道缆车上观大漠长河，既感到险，又感到美，此时，人间的胜境尽收眼底，自有一番妙不可言的意韵，大漠、长河、蓝天、山峦、人……这才是一个最美的、最和谐的世界。

# 第三节 "荒漠化"的威胁

荒漠化是由于气候变化和人类不合理的经济活动等因素使干旱、半干旱和具有干旱灾害的半湿润地区的土地发生了退化。在人类当今面临的诸多生态和环境问题中，荒漠化是最为严重的灾难，给人类带来贫困和社会动荡。人类不合理的经济活动是荒漠化的主要原因，反过来人类又是它的直接受害者。随着气候干旱以及滥垦、滥伐、滥牧、滥采以及滥用水资源等不合理人为活动的加剧，荒漠化犹如一场"地球疾病"，正侵蚀着我们赖以生存的家园，导致生态环境不断恶化，可利用土地资源不断减少，人类生存与发展面临严峻威胁。

土地在人类社会经济的发展中起到了十分重要而独特的作用，它是人类生产与生活中不可或缺的自然资源。我国人口多，人均耕地面积少。而中国却是世界上沙漠面积较大、分布较广、荒漠化危害严重的国家之一。沙漠化土地面积约占国土面积的18%，影响着4亿人口的生产和生活。据统计，我国每年被沙漠噬掉的土地面积达2460平方千米，相当于一个中等县的面积，而且因风沙危害造成的直接经济损失高达540多亿元，平均每天1.5亿元。荒漠化和干旱给中国的一些地区的工农业生产和人民生活带来严重影响。中国的荒漠化问题早已引起中国专家及中国政府的关注，尽管中国从来没有停止过对荒漠化的治理，由于种种原因，中国土地荒漠化扩大的趋势还在继续，最主要原因在于治理速度跟不上荒漠化速度。

在宁夏西南部中卫县沙坡头，黄河与腾格里沙漠已经近在咫尺，而这里曾经是丝绸之路故道。历史上的楼兰古国，以及和楼兰同时兴起在古代"丝绸之路"上的尼雅、卡拉当格、安迪尔、古皮山等繁华城镇也都先后湮没在近代的沙漠之中。历史上的宁夏也不是今天这样被沙漠和秃岭紧紧包围的。宁夏北部三面被腾格里、乌兰布和毛乌素沙漠环绕，境内沙漠化面积达1.26万平方千米，占自治区总面积的24.3%。作为宁夏的旅游胜地——沙坡头，却是滕格里大沙漠南端紧逼黄河的连绵沙山，东西长十几千米，在黄河北岸堆积成高达百米的沙坝，这里曾经流沙纵横，平均每10个小时出现一次沙暴，沙暴一来，地毁人亡。沙坡头一带年降雨量只有 200 毫米，蒸发量却为 3000 毫米，是降雨量的 15 倍。沙漠每年以 8 至 9 米的速度向黄河方向推移。三百年来，腾格里沙漠不断南侵，迫使中卫绿洲后退了 7.5 千米，2700 公顷良田被沙海吞没。每当狂风肆虐时，这里便飞沙走石，连绵起伏的流动沙丘掩埋村庄，吞噬良田。

虽然这里有全球闻名的麦草方格治沙工程，但是这种麦草方格也只是在包兰铁路沿线被运用，而没有扩大到整个沙坡头。站在沙坡头，我们可以看到腾格里沙漠已经逼近黄河。在鸣沙山的旅游景区内，人们为了满足旅游爱好者滑沙，把沙丘堆高。这样很容易造成沙丘表面的流沙从顶部滑下进入黄河河道。同时，由于这里并没有像包兰铁路沿线那样采取很好的固沙措施，按照沙坡头每年出现的大风扬沙现象和沙丘的移动速度，要不了多久，黄河到此便会成为地下河，塞上明珠也不会再有其昨日风采。

被黄沙掩埋的楼兰古国

由此看来，防沙、治沙依然是沙坡头人的头等大事。

# 第四节　坚持治沙战略

几十年来，宁夏人民为了抵御风沙的袭击种草植树、治沙固沙，取得瞩目成就。尤其是处于素以沙峰大、沙粒细、易流淌著称的腾格里沙漠边缘的

沙坡头人，硬是走出了这片瀚海里千年演绎的遇风飞扬流动，似大海涌浪湮没过昭君出塞芳径、埋葬过丝绸之路古道的作孽怪圈，用"麦草方格"——扎制治沙草障，在沙障内种植沙生植物，组成固沙护林体系，成功地阻止住了桀骜不驯的腾格里沙漠向内进攻，创造了沙漠树林、沙漠绿洲、沙漠草原，创造出了世人刮目相看的奇迹。

沙坡头治沙工程是所有治沙中的典型代表。从1956年开始，特别是1958年包兰铁路通车运行后，为了确保这条西北交通大命脉畅通无阻，宁夏的治沙工作者、科技工作者和人民群众艰苦探索，创造出了以"麦草方格"为主的"五带一体"综合治沙工程体系。用最经济、最简洁、最原始的方法成功地制服了沙魔，在流动沙丘上营造出了绿洲，解决了这一世界难题。

麦草方格固沙法是中卫人民经过几十年不断试验研究总结出的一套最简单最有效的固沙方法。它采用普通的麦草在沙丘表面扎成80×80的方格，麦草植入沙地约30厘米，并要求二带麦草的重量应在0.6公斤左右，麦草高度约为25厘米。这样一来就可将距地面1米处的风速降为零，从而阻止沙丘移动。麦草方格寿命一般为3~5年。沙理路两旁的麦草方格，由于麦草表面会形成一层有机灰尘保护膜，寿命稍长，约为5年。在雨水相对多一些的季节，在方格里植入适合在沙漠生长的灌木种子，并对灌木保持灌溉。经年累月存活下来的灌木有效地起到了固沙的作用。在经过人们几十年的努力下，终于在沿铁路两侧连绵不断的沙山上布下了一张绿色巨网，这张网宽近千米、长近70千米，形成纵横几万亩的固沙林带。昔日吞村毁舍、席卷大地的黄沙被绿色巨网牢牢捕获，再也未能逞凶。绿色巨网曾经历了百年不遇的大沙暴的袭击，但安然无恙。由于麦草方格治沙技术投资少，见效快，因此在全国甚至全球得到了推广。各国科学家惊叹："这是世界奇迹！是世界一流的治沙工程！"如今，沙坡头屹立于

沙坡头麦草方格治沙景观

世界治沙、生态和环保三大科学高峰上。2007年5月8日，沙坡头被批准为国家5A级旅游景区。

由于麦草方格的治沙方法只是在铁路沿线实施，所以针对目前沙坡头沙化的现状，以及人们在开发旅游设施时对环境的破坏等一系列问题，我们还必须实施治沙战略，结合麦草方格的治沙方法，研究新的治沙手段。

## 在使用麦草方格治沙的同时，辅以种植沙生植物

尤其是在麦草方格上种植，效果会更好。多数的沙生植物有强大的根系，以利多吸水分。一般根深和根幅都比株高和株幅大许多倍，根部均匀地扩散生长，可以避免在一处消耗过多的沙层水分。为了减少水分的消耗，减少叶面的蒸腾作用，许多植物的叶子缩得很小，或者变成棒状或刺状，甚至无叶，用嫩枝进行光合作用。有的植物表皮细胞壁强度木质化，角质层加厚，或者叶子表层有蜡质层和大量的茸毛被覆。为了抵抗夏天强烈的太阳光照射，免于受沙面高温的炙灼，许多沙生植物的枝干表面变成白色或灰白色。有很多植物的萌蘖性很强，侧枝韧性大，能耐风沙的袭击和沙埋，沙埋后由于不定根的作用，仍能继续生长。

## 扩大麦草方格固沙的范围

尤其是在黄河两岸，不仅要禁止随意耕伐、放牧活动，而且要种植固沙耐旱型植物。对于稍远处的沙丘，尽量铺设麦草方格，并辅以沙生植物，达到固沙效果。

## 合理管理旅游景区

对于靠近黄河的沙丘，禁止随意实施人为的推动，防治流沙现象的出现。规范旅游场地，提高人们的环保意识。否则，沙坡头背后的腾格里沙漠必将长驱直入，截断黄河，吞噬大片土地。到时候，估计不仅没有景区可以参观，就连塞上明珠也会消失了。

# 第五章　登临武夷山水

我国有许多著名的河流湖泊，也有许多名山，比如泰山、华山、黄山、庐山、峨眉山和"世界屋脊"珠穆朗玛峰等。它们或庄严雄伟，或陡峭秀丽，或有厚重的文化积淀。每一座山都有不一样的风景。如果说"五岳归来不看山"的话，那你就会错过比五岳更有灵秀之气的武夷山。

武夷山是山与水的完美结合，不像五岳那样，岩石硬朗的线条掩盖了水的柔美。如果说桂林山水才是山与水的完美结合，那么武夷山的山水就是无可挑剔的自然之造。"桂林山水甲天下，不及武夷一小丘"这句话便印证了武夷山的地位。

# 第一节　游览指南

## 景区概况

武夷山脉位于江西东部和福建西北部的交界处，是一座具有悠久地质演变发展历史的世界名山，也是一座经过大陆内部造山运动而最终成形的具有地学典型代表意义的天下名山。位于武夷山脉北段依临主峰黄岗山的西北坡的江西武夷山，与东南坡的福建武夷山自然保护区接壤，是中国东南大陆现存面积最大、保留最为完整的中亚热带森林生态系统，也是目前世界同纬度带保存最完整的中亚热带森林生态系统。

我们通常所说的武夷山，是指位于福建省武夷山市内的武夷山风景区。武夷山风景区位于武夷山脉的中部，方圆 60 平方千米，盘曲山中的长约 9 千米的九曲溪和夹崖森列的 36 峰，构成一幅碧水丹山的天然美景。属典型的丹霞地貌，素有"碧水丹山"、"奇秀甲东南"之美誉，是首批国家级重点风景名胜区之一。武夷山同时也是一座历史文化名山。中国一批历史文化名人朱熹、陆游、辛弃疾等都先后在武夷山生活、讲学，留下了不少文化遗产。1999 年 12 月 1 日，武夷山被联合国教科文组织列入世界文化与自然遗产名录。如今武夷山自然保护区已经成为观赏大自然景观，探索大自然奥秘，领略大自然神韵和开发科普教育，进行大自然保护宣传的佳境。

武夷山

武夷山地处热带，属亚热带季风气候区域，终年气温不高，寒暑变化不大，年平均气温 18.5 度。武夷山最热的月份是 7 月，没有特别寒冷的冬季，所以这里是全年全天候避寒、消暑、度假、旅游的好地方。不过，武夷山最旺的旅游时间是从 5 月份到 11 月底，这个时候的人会多些。3 月、4 月是多雨的季节，如果选择这个时候前来，一定要记得带伞。

## 主要景点

武夷山其实是一组出神入化的巨石群雕，一组嶙峋铿锵的巨石交响乐章。壁立万仞的巨石拔地插天，凭空而起，凌云而去，云雾缭绕。线条刚健遒劲又不失飘逸空灵，不以肖物类物取胜，重神而不重形。一座山峰就是一整块峻峭的巨石，珍奇秀丽。

说武夷山不是"山",是因为它同武夷山脉那些土石堆起来的山根本不是一回事。它也不像一般的名山,凡山都必须攀登才能领略其风光,武夷山则不必攀登。它簇拥于九曲溪畔的平地上,平易近人,随处都可欣赏奇伟的山姿。武夷山是山的精魂,因九曲溪水的浸润滋养而与众不同。九曲溪是水的精魂,因山的灵秀而出类拔萃。有些地方有山无水,有水无山。武夷山山奇水异,山水俱佳。在一曲竹排靠岸处,顺石阶上去,有一汉白玉"佳境坊",上有著名书法家潘主兰题撰的一副对联"如此名山宜第几,相当曲水本无多",可谓妙极。赞美之中,也为武夷、桂林之争作了无言的回答——武夷奇秀甲天下。

### 天游峰

天游峰是武夷山第一胜地,位于六曲溪北,武夷山景区中部的五曲隐屏峰后,海拔 408.8 米,北临六曲溪,东接仙游岩,西连仙掌峰,壁立万仞,独出群峰,云雾弥漫,山巅四周有诸名峰拱卫,三面有九曲溪环绕,武夷全景尽收眼底。晨曦初露之时,白茫茫的烟云,弥漫山谷,风吹云荡,起伏不定,犹如大海的波涛,汹涌澎湃。登峰巅,望云海,变幻莫测,宛如置身于蓬莱仙境,遨游于天宫琼阁,故名"天游"。

**天游峰**

天游峰是观云海、赏日出的最佳之处,也是欣赏九曲山水全景最好的地方。雨后初晴,只见群峰出没于云端,宛如置身蓬莱仙境,有时还可看到奇妙的"佛光";云开雾散之后,凭栏四望,溪、山尽收眼底,武夷山水一览无余。峰顶的胡麻涧,涧水如白练从峰顶直泻而下,落差 100 多米,飘逸潇洒,又称"雪花泉",也为山中一大奇观。山上还有妙高台、天游观、天垄、天游亭等胜迹。

天游峰有上、下之分，一览亭左，是为上天游；下有崎岖丘，沿胡麻山涧一带，是为下天游。上天游的一览亭，濒临悬崖，高踞万仞之巅，是一座绝好的观赏台。从这里凭栏四望，云海茫茫，群峰悬浮，九曲蜿蜒，竹筏轻荡，武夷山水尽收眼底，令人心胸开阔，陶然忘归。徐霞客评点说："其不临溪而能尽九曲之胜，此峰固应第一也。"

### 茶洞

又名玉华洞、升仙洞、幽微碧玉洞天，据传原产茶叶极佳，故名。接笋、隐屏、玉华、仙游、清隐、仙掌诸峰环护如屏，人在洞中如隐井底。唐时曾建石堂寺于此，宋代刘衡、明末黄道周、清朝董天工等曾隐居于茶洞，有留云书屋、望仙楼等遗址。南北有二蹬道，可分别登临接笋、天游二峰。

### 隐避峰

因峰峦方正如屏，故名。峰西有一尖锐直上且半腰有横裂三痕的奇石即为接笋峰。隐屏蹬道极为险峻，号为"鸡胸"、"龙脊"，原为明代道士汪三宝、刘端阳所开凿。峰顶有玄元道院、清微道院遗址，还有仙凡界、仙奕亭、南溟靖诸胜，古代号为"隐屏真境"。峰南的平林渡畔有朱熹构筑的"武夷精舍"遗迹。往峰顶向东盘绕，向北可至天游，由东南而下则可至仙钓台下。

### 云窝

云窝是天游峰的别致景观，有上下云窝之分，背岩临水，响声岩、丹炉峰、晚对峰、天游峰、隐屏峰等列于四周。磊落的岩峦之下，隐藏着许多洞穴，冬春时节常有缕缕烟云从洞中逸出，在峰石间舒卷，故名云窝。此外还有铁象石、伏虎岩、聚乐洞以及叔圭精舍、水云寮、幼溪草庐等遗址，另有水月亭、问茶处等设施。

### 响声岩

响声岩与云窝隔溪相对，因游人在岩前呼叫欢笑均能听见回声，故又称之为"空谷传声"。岩上题刻纵横，琳琅满目，仅朱熹题写的就有"逝者如斯"等三幅。岩下有一石倚于溪畔，名墨鱼石；岩右有一石，名老鸦石，横插溪中形成一个险滩，名为"老鸦滩"。位于溪南，临水而立。这里是武夷山摩崖石刻的精华所在，镌刻着南宋至清代的 23 段摩崖石刻，其中尤以宋代理学家朱熹题刻的"逝者如斯"最引人注目。岩石上还有宋儒蔡抗、邹应龙和明儒湛若水的记游题刻，记载了宋明理学在武夷山传播的盛况。元代名士徐梦奇、毋逢辰和明朝归隐官员陈省到此观赏朱熹墨宝的题刻，也赫然列于岩刻之中。响声岩的佳妙之处还在于可以倾听回声。除了身临其境体验听觉美之外，此处还验证了老子说的"空是无，无是空"，"天下万物生于有，有生于无"的道家之说。这是道家追求的空灵美，是超脱尘世、淡泊功利的一种境界。该岩与东侧的梧岗东西相对，形成一个喇叭形的穿谷。穿谷所对的北岸，群峰环峙壁立，游人的欢笑声在穿谷和北岸峰壁之间往返回荡，经久不息。响声岩之名也由此而来。游人至此，都会大喊几声，体验一下声音回荡的感觉。

　　九曲溪

　　九曲溪发源于武夷山森林茂密的西部，水量充沛，水质清澈，全长 62.8千米，流经中部的生态保护区，蜿蜒于东部丹霞地貌，分布峰峦岩壑间，在深刻的断裂方向控制下，形成深切河曲，在峰峦岩壑间萦回环绕，9.5 千米的河曲，直线距离只有 5 千米，曲率达 1.9 千米。九曲溪两岸是典型的丹霞地貌，分布着 36 奇峰、99 岩，所有峰岩顶斜、身陡、麓缓，昂首向东，如万马奔腾，气势雄伟，千姿百态。优越的气候环境，又为群峰披上一层绿装，山麓峰巅、岩隙壑峭都生长着翠绿的植被，造就了"石头上长树"的奇景，构成了罕见的自然山水景观。

九曲溪

　　在九曲溪二曲南面的一个幽邃的峡谷里有著名的"一线天"景观。岩石倾斜而出，覆盖着三个毗邻的岩洞：左为灵岩洞，中为风洞（洞中常年风声飕飕，凉透肌骨），右为伏羲洞。在伏羲洞入口处，抬头仰望，但见岩顶裂开一罅，就像是利斧劈开一样，宽仅 1 米，长约 100 多米，从中漏进天光一线，宛如跨空碧虹，即是令人惊叹为"鬼斧神工之奇"的一线天。

### 武夷宫

武夷宫位于九曲溪竹筏游的终点晴川，前临溪流，背倚秀峰，沃野碧川，巧构林立，为游客集中辐辏之处。是历代帝王祭祀武夷山君（神）的地方，也是宋代全国六大名观胜地之一，是武夷山最古老的宫院，位于大王峰脚下，初建于唐朝天宝年间（742—755 年），宋朝时扩建至三百多间，赐为"冲佑万年宫"，每年中秋在

武夷宫

观中祭祀武夷君、皇太姥。现存的两口龙井和万年宫、三清殿已辟为景点，有仿宋商业街及茶观、朱熹纪念馆、中山堂、万春植物园等景点，附设许多旅游服务设施。

### 万年宫

从宋徽宗至宁宗喜定年间，有朱熹、陆游、辛弃疾等 25 人至冲佑观任提举，主管祠事，万年宫现在是朱熹纪念馆。

### 三清殿

现在国际兰亭学院所在地，殿内有四块珍贵的碑刻：忠定神道碑、洞天仙府、明龚一清和现代郭沫若游武夷的诗题。

### 仿宋街

仿宋街位于武夷宫，全长 300 米，取南北向，街头建有石坊门，街尾构筑了古门楼，模仿宋代建筑遗风，以朱熹纪念馆为龙头。

### 水帘洞

武夷山水帘洞，原名唐曜洞天，为武夷山著名的七十二洞之一，是武夷山最大的洞穴，位于章堂涧之北。进入景点处，有一线小飞瀑自霞滨岩顶飞

水帘洞

泻而下，称为小水帘洞，拾级而上，即抵水帘洞。洞顶危岩斜覆，洞穴深藏于收敛的岩腰之内。洞口斜向大敞，洞顶凉爽遮阳，四周峰岩森峭，峡谷幽深，别具岩壑之胜。峰岩有的孤立，有的斜靠，有的高仰，有的如叠，有的如劈，奇形异势，难以名状。两股飞泉倾泻自百余米的斜覆岩顶，宛若两条游龙喷射龙涎，飘洒山间，又像两道珠帘，从长空垂向人间，故又称珠帘洞。

水帘洞掩映着题刻纵横的丹崖。其中有撷取朱熹七绝的名句"问渠那得清如许，为有源头活水来"的篆体字。有明代景点题刻"水帘洞"以及楹联石刻"古今晴檐终日雨，春秋花月一联珠"，琳琅满目。水帘洞不仅以风景取胜，又是武夷山道教圣地，古来道观多择此构建，为山中著名的洞天仙府。洞室轩宇明亮，洞底岩叠数层，呈长条形，设有石桌石凳，供人休憩。全洞面积约 100 平方米，洞沿设石栏护卫，凭栏可尽赏洞外飘洒飞散的水帘。透过明亮的水晶珠幔，还可观赏山中盆景式茶园胜景。

*桃源洞*

桃源洞位于武夷山六曲畔内，此地穷极幽深，石崖相倚成门，复履婉转而入，石桥下溪涧流水，内忽平旷，日月放生潭布列洞口，四面环山，桃林片片；田畴可一二十亩，仿如陶渊明笔下"世外桃源"，故得名。桃源洞道观重修面积占地约为六千多平方米，主殿有三清殿、玉皇殿、灵官殿、山门（中轴部分）组成，左右配殿有三皇元君殿、真武殿、三官殿、藏经阁等殿堂组成。道观创建于唐朝天宝年间（742—756 年），是时武夷山仙灵之说吸引大批高士来此隐居修炼。

人与环境知识丛书

会稽女冠孔氏、庄氏、叶氏（后人称三皇元君）结伴来武夷修炼，后皆结茅于桃源洞，并开发成一方避世隐居的乐土，桃树成林。宋儒陈石堂、高士吴正理也曾居此炼养著述，道教南宗五祖白玉蟾真人也隐居桃源炼丹。元朝时扩建刘文简祠、三元庵，主奉三官大帝、刘文简公等神像。明朝，桃源道观已远近闻名，是武夷山主要道观之一。1995 年桃源道观和武夷山景区筹集资金刻制了世界目前最大老君岩雕。

桃源洞

## 🌸 物产饮食 🌸

武夷山是我国江南著名的茶叶产区。全市现有茶园 9.66 万亩，年产茶 8 万多担，大多出口外销。中国十大名茶之一的武夷岩茶就产于此，主要有大红袍、铁罗汉、水金龟、白鸡冠、四季春、万年青、肉桂、不知春、白牡丹，等等。其中以"大红袍"最为出名。

武夷山是"闽笋"的主要产地。主要有毛竹笋、花壳笋、黄竹笋、苦竹笋、石竹笋、麻竹笋、鞭笋，等等。这些笋中最著名的是毛竹冬笋。这里产的"黄泥冠"、"白肉笋"，品质最好，风味最佳，且含有丰富的蛋白质、钙、磷、铁等无机质，营养价值很高，被视为"八闽山珍"中的精品。此外，武夷山的方竹笋、紫竹笋、肿节笋和矮竹笋也很有名，为珍贵稀有之笋。武夷山制作的笋干，技艺特殊，味道醇厚，土色土香，深受人们的喜爱。

武夷山菜肴的主要原料有蛇、野兔、山羊、麂等野味及猪肉、鲜鱼、禽蛋、蔬菜、豆类、香菇、红菇、笋等。当地特色菜有鸡茸金丝笋、兰花蛇丝、菊花草鱼、泥鳅粉丝等。

# 第二节 厚重的文化，风韵的山水

我国的许多名胜古迹除了其自然风光优美外，大都有深厚的文化底蕴，武夷山也不例外，我国著名历史学家蔡尚思教授有诗曰：

东周出孔丘，南宋有朱熹，

中国古文化，泰山与武夷。

武夷山是朱子理学的摇篮，是世界研究朱子理学乃至东方文化的圣地。朱熹及其门人、后人在武夷山的活动，为武夷山留下极其珍贵的文化遗存，如书院遗址武夷精舍、有朱熹等理学家富有哲理的题刻，"逝者如斯"、"修身为本"、"智动仁静"等，有现存朱熹撰写并且字数最多的"武夷神道碑"，还有朱熹创办的社仓等等。朱熹少年得志，但由于他的政治立场和思想观念与当权者相逆，所以仕途颇为坎坷。晚年个人失意，国家也日趋崩溃，他在寂寞和痛苦之中，一方面发愤著书立说，一方面寄情山水以消愁。孔子曰："智者乐水，仁者乐山；智者动，仁者静。"清澈的水犹如人的明智，水的流动恰恰反映了智者的探索，而秀美的山犹如人的善良，山中蕴藏万物可以实惠于人，这正是仁者的品质。朱熹自然无愧于"智者"、"仁者"的称号，乐山乐水也是自然之事了。

他游九曲溪时写下的《九曲棹歌》：

武夷山上有仙灵，山下寒流曲曲清。

欲识个中奇绝处，棹歌闲听两三声。

接下来，他对九曲溪的每一曲都作了细致的刻画描述，最后以"渔郎更觅桃源路，除是人间别有天"收尾，寄情武夷山水，抒发自我的情怀。

除去朱熹之外，历史上还有许多历史文化名人来此游玩观赏，寄情山水之间。著名词人柳永少年时和朋友同游武夷山，到过冲佑观，他写下一首名为《巫山一段云》的词作，被后人刻在了武夷山的幔亭峰下，如：

六六真游洞，三三物外天。九班麟稳破非烟。何处按云轩。

昨夜麻姑陪宴。又话蓬莱清浅。几回山脚弄云涛。仿佛见金鳌。

柳永把奇异的风光融进了美丽的神话传说，这也表现了少年时期的柳永便博学多闻。

武夷山何以吸引大量的历史文化名人来此呢？不仅仅是因为它内在的文化积淀，更是因为这里风韵的山水，才吸引大批的"智者"与"仁者"。

武夷山中，山水交融，山临水立。若泛舟九曲溪上，犹如漫步奇幻百出的山水画廊。溪上有尖峭陡立的山，奇峰相叠，苍翠欲滴。武夷山并不巍峨，也不够气势磅礴，山峰海拔多为 400 米左右。然而，武夷山却很是好看。这里奇峰林立，万千峰峦各具神形，如玉女，似雄鹰，像飞瀑，具虎形……婷婷者，刚猛者，冷峻者，孤傲者，高耸者……皆可观可品，或读出历史的壮美和超然的气质，或品出沧桑的久远和山水的共振，还有生命与自然的和谐律动。

都说山只可远观，近看就没有味道了，但武夷山是丹霞地貌，故石头与别处不一样，不但有形，更有色彩。那紫红色、青绿色的峰石，千姿百态，有的笔直红艳如宝剑出鞘，有的平屏斑然如绢扇扑面，有的红如花，有的绿如树，这山石再围以苍松翠树，鸟语人声，一切但在翠微中，人在画中游，观五彩六色的奇丽石色，美不胜收。

郭沫若老先生游武夷山的时候曾有诗句"桂林山水甲天下，不及武夷一小丘"，惹的不少文人墨客直把桂林、武夷比高低。二者虽有许多相同之处，但桂林山水的秀美和武夷山的妩媚各有不同，桂林的山要显得更秀一点，而武夷山的山看上去则要凝重一些；武夷山的水比桂林的水更美，九曲十八弯，水绕峰转，梦幻般的溪川宁静清澈，泛着粼粼波光，淙淙流过山的怀抱。放眼望去，人就在画中，山在水中，蓝天、白云、绿树倒映在水中，构成了虚幻仙境，神仙胜地。郁达夫游武夷时把武夷山的传神之处描写得淋漓尽致："武夷三十六雄峰，九曲清溪境不重。山水若从奇处看，西湖终是小家容。"武夷山具有"桂林之秀，黄山之奇，华山之险，泰山之雄，居五岳之首，堪称天下第一山"的气派，集众多名山神韵于一身。武夷山究竟美在哪里？迷人的魅力在哪里？这恐怕都无法用语言来表达……

# 第三节　山水背后的伤痕

　　武夷山是祖国秀美山川的代表，有着丰富的自然文化遗产，它在为我们带来优美自然景观的同时，还为我们创造了赖以生存的资源。但人们在欣赏大自然造就的奇迹、享受物质财富的同时，却忽略了对大自然的破坏，睁开眼睛看看我们秀美的山川，这里遍布着人类的脚印，伤痕累累！

　　武夷山风景名胜区作为武夷岩茶的最佳产地，这里环境十分适合优质茶叶的生长。茶园或基地须选择在此，有利于防止城乡垃圾、灰尘、工业废水以及人类活动给茶叶带来污染。茶园四周的森林，使茶树处于密林的怀抱中，常处在云雾笼罩之下，这些都有利于提高茶叶自然品质。同时，茶园要求周围土壤要深厚，有效土层超过80cm，养分含量丰富而且平衡。武夷山优越的条件使茶叶种植获得了较大发展，茶农的经济效益不断提高。但是，景区茶产业在发展的同时，也给景区带来了一些问题，二十多年来，景区资源保护与茶地垦复一直处于矛盾中。武夷岩茶在种植、加工、销售卜呈现逐年上升的态势，茶地的开垦亦逐年上升，已影响，甚至在部分地段严重影响到景区生态系统的生物多样性、景观、群落结构、林木、林地土壤等，所造成的变化有可能导致本已十分脆弱的植被进一步退化、水土流失加剧、群落生物多样性下降以及景观构造简单化等。

新开垦的茶园

　　有调查显示：武夷山风景名胜区主景区面积2002年以前为60平方千米即90000亩，2002年以后增加到64平方千米即96000亩。1979年、1988年、1996年、2001年、2005年的茶地面积分别占主景区面积的3.84%、4.7%、13.09%、13.43%、16.70%。增加的这些茶园主要是原撂荒被重新垦复的茶园。撂荒多年后又被重新垦复利用，大部分已种上新茶苗，尚有在垦复中的老茶地已对植被造成很大的干扰。还有一些农田或菜园改造成的茶园，利用荒田改造成的茶园，新开茶地多为近年来毁林或在原住民搬迁后留下的屋基上新造的茶地。景区内的茶地呈星散分布，而以溪南的水运队到南源岭一带、山北的水帘洞以北最多，次为星村镇周围。仍有大量茶地分布于主要的游道边，对景观造成影响。部分茶地分布于九曲溪沿岸和主要的景观边，破坏了植被的天然性。老茶园大多分布于山谷或山脚，新茶园多分布于山脊或半坡，山脊原植被保护较好，大多土壤有机质较丰富，因而被毁林建造茶地，这种类型的茶地在景区内随处可见，对植被的破坏最为严重。另有小部分茶地建造在陡坡上，很容易造成水土流失。

茶地的开垦对当地生态系统的破坏是非常严重的，主要表现在以下几个方面：

## 1. 茶地开垦对景观和群落结构的影响

茶地的开垦、日常经营中取土培根等大多要砍伐已处于中早期演替阶段的马尾松林，清除林地的灌木层和草被，使群落结构简单化，林地土壤完全裸露，自然景观遭受强烈的干扰。这种情况在铁板峰顶和水帘洞顶尤其严重。

## 2. 茶地开垦对周边林地的蚕食

原有茶地边缘的林地常受到小面积砍伐，逐步被改造成茶园，原有林地面积不断减少，林缘线收缩后退，阳性灌草不断侵入，致使林地面积减少。

## 3. 茶地开垦造成水土流失

茶地改新、补苗、取土、培土、开路、开排水沟，茶地用的蓄水池、管理不善，20世纪90年代后开垦的茶地都没有石砌挡墙，等等，这些因素均造成茶地的严重水土流失。

### 4. 茶地垦复对林木的影响

茶地边缘的马尾松等林木因遮蔽茶地的阳光常受到砍伐；山顶上开垦茶地时仅留林缘一层林木，受大风时易倒伏甚至死亡；茶地开垦和取土时对树木的根系会造成损伤或致死；茶地改新时老茶树被砍伐堆于林缘，腐烂时释放的单宁等次生物质对林木及林地土壤均有影响；等等。

### 5. 茶地垦复对生物多样性的影响

茶地垦复清除林地上大量的林木和林下植物，破坏森林生物生存的环境，导致生物多样性急剧下降。常绿阔叶林物种的多样性指数和均匀度指数远大于茶地，而群落的优势度指数则远小于茶地。两类茶地的比较中，水帘洞边的茶地撂荒多年，佛国岩的茶地新近采取过垦复措施，前者的多样性指数和均匀度指数都高于后者，优势度指数则反之，说明垦复对茶地的物种多样性有显著的影响。

### 6. 樵采对森林群落的破坏

茶叶加工及茶农生活用薪炭材有些来自景区内的树木，对森林植被的破坏也十分严重。

### 7. 茶地垦复施肥等对景区内水质的影响

茶地垦复造成严重的水土流失，下大雨涨洪水时，九曲溪溪水十分浑浊，比如 2003 年 6 月 24 日至 25 日从小雨至大雨、暴雨连续下个不停，24 日 17 时至 25 日 8 时，九曲溪上游降雨 201 毫米，天游降雨 248 毫米，九曲溪涨洪水且十分浑浊，26 日从五曲大桥采样监测，悬浮物浓度达 182mg/l，而平常该处水中悬浮物浓度只有 10mg/l 以下。因茶地面积逐年增大，其蓄水能力较弱，致使九曲溪水位逐年持续下降。近几年开展水质监测中发现九曲溪水总磷持续偏高，从 GB3838-2002《地表水环境质量标准》Ⅰ类水标准下降为Ⅱ类水标准，这与茶地的施肥有一定的关系，从土壤监测中也发现，茶园土壤中速效磷的含量远高于森林土壤。

## 8. 茶产量增加导致制茶车间需求增大

茶地面积增大，茶叶产量增加，原有的制茶车间势必不能满足需求，违法占地、违章建设行为就时有发生，近两年发生在景区内公路沿线大量的违章建筑，很大程度上破坏了景区的景观资源。

# 第四节　综合治理，长远发展

武夷山虽然为武夷岩茶提供了优厚的自然种植条件，但是为了武夷山的整个生态系统以及茶产业和武夷岩茶文化的长远发展，综合治理武夷的行动势在必行。防止随意开辟茶园，防止水土流失，成了当前的主要问题。解决这一问题的主要方法是山、水、田的综合治理。

首先，要对武夷山茶园进行一次普查，根据茶园所处的位置及风景区景观要求对风景区内茶园实施退、控、改三种改造措施，即旅游线路两旁及景点周围退茶还林，保证景观质量。武夷山主景区内五个景区采用控制茶园的方式，逐步退茶还林、还草；在其余区域不影响景观的地段可采取茶园套种阔叶林的方式，以尽量减少种茶与景区绿化的矛盾。

山脊上和陡坡上的茶地不仅影响景观，且对林地植被的破坏十分严重，会造成十分严重的水土流失，应引起足够的重视。应有计划、有步骤地退耕还林、还草，对山脊上和陡坡上的茶地进行封山保护。对于一时无法停止耕种的应将其梯度化，以减少水土流失。在一些缓坡处清除茶苗后，适当种植一些阔叶树种或先锋树种，如青冈、米楮、枪木、黄楠、木荷、马尾松等，来保持水土。

其次，师法自然，采取科学的措施进行茶园培育。老茶园的科学培育方法应用历史悠久，不仅保护了土壤层和植被，且茶叶品质优良，应总结老茶

武夷山老茶园

园科学培育技术进行应用，如实行等高种植、因地制宜修筑各种梯田，开设隔离沟、截水沟以及间作绿肥等，但最重要的茶园行间铺草，可以有效保护景区内的植被，解决茶园垦复与景区植被保护的矛盾。同时，着力改变茶园经营方式，提倡使用农家肥、有机肥和无毒、低毒农药，减少化肥、农药对土壤的影响，进而减少对九曲溪水源的污染。

再次，要培育茶园良好植被和优化种植结构。目前茶园植被差异性较大，种植结构也不尽合理，影响了茶园的生态环境，降低了抗御灾害的功能，加剧了水土流失。优化调整种植结构，合理配置利用共生资源，改变单一种植模式，大力推广茶、草、树并存的生态环保型种植技术，保持水土良性循环，互为利用，共生共存，从而达到茶茂、草青、树绿的效果，促进和谐发展。要培植茶园植被，改善生态环境，着力推广矮化草种。适宜茶园种植的草种有百喜草、平托花生、圆叶决明等，要在茶园梯壁、土埂和边坡上大力推广种植这3种草类，提高茶园植被覆盖度，减轻水土流失。茶园耕除作业，宜用人工除草和刀割劈草法，这样有利于植物的循环再生，有利于保护茶园植被和固土护壁、护坡，提高茶园的生态环境质量。

最后，构建茶园防范水土流失的体系。导致茶园水土流失主要源于山洪暴发所引起的地表径流和泥石流，造成表土和泥沙倾泻俱下，使茶树露根，茶园伤痕累累，严重影响了茶树的正常生长和周边的生态环境。同时水土流失还会带走大量的土壤有机质，致土壤肥力急剧退化，生物链被破坏，造成减产减收。因此，要加快构建茶园防洪减灾体系，夯实基础设施，如建设茶园节流排涝设施，挖鱼鳞坑、竹节沟、防洪沟、蓄水池等，发挥截留、疏导和排水的作用，减轻山洪侵蚀土壤程度。

在做好以上几点的同时，我们还要保护茶园生态环境平衡发展，对茶园周边的林木、内在植被、动物等都要加以保护，力求达到人与自然界和谐统一、均衡发展。在此基础上，我们做好武夷山的茶树种植工作，不仅可以起到水土保持的作用，而且可以促使武夷岩茶茶业发展进入良性循环状态，从而对整个生态系统起到保护作用。

# 第六章　畅游长江

长江，是中华民族的血脉，与黄河一起并称为"母亲河"。它源远流长，孕育了中华民族，孕育了华夏文明，哺育了一代又一代的中华儿女。长江流程长、流域广，两岸风光秀丽，风景名胜众多。在本章的绿色之旅中，我们将沿着这条奔腾的潮涌，畅游长江，领略她的神奇与瑰丽。

## 第一节　游览指南

### 景区概况

长江，是亚洲的第一长河，全长约 6300 千米。在世界范围内仅次于南美洲的亚马逊河、非洲的尼罗河，排名第三。长江发源于青藏高原唐古拉山主峰各拉丹东雪山，干流流经全国 11 个省级行政区，从西至东依次为青海省、四川省、西藏自治区、云南省、重庆市、湖北省、湖南省、江西省、安徽省、江苏省和上海市。

长江流经的地区，由于人文和地理的原因，各流段有不同的名称。她的正源沱沱河出自青海省西南边境的唐古拉山脉的各拉丹东雪山，与长江南源当曲会合后称通天河；通天河与长江北源楚玛尔河汇流后，向东南流到玉树县巴塘河口，从此以下至四川省宜宾市的长江干流称金沙江；宜宾以下始称长江，扬州以下旧称扬子江，在上海市注入东海。有雅砻江、岷江、沱江、赤水河、嘉陵江、乌江、湘江、汉江、赣江、黄浦江等支流，以及滇池、洪湖、洞庭湖、鄱阳湖、巢湖、太湖等湖泊。

长江沿岸共有 29 个城市，拥有 120 个 4A 级景点，这些地区的历史久远，融合了流域文化、都市文化、民族文化、三峡文化、革命历史文化及宗教文化，人文气息浓郁，旅游资源极为丰富。在长江的源头有三江源；在四川、云南段有金沙江、虎跳峡；在重庆段有三峡、小三峡，还可以看山城夜景；在湖北段有宜昌的三峡大坝、荆州古城、三国赤壁遗址，武汉的黄鹤楼、东湖；在湖南段有洞庭湖、岳阳楼；在江西段有庐山、鄱阳湖；在安徽段有马鞍山的采石矶，长江南岸的九华山、黄山、太平湖；在江苏段有南京长江大桥、中山陵、古城墙、金山寺、瘦西湖；在上海段有长江口、外滩等，这些都是乘船而下在沿岸就能领略的，可以说，如果游遍长江沿岸，就游遍了大半个中国。

俯瞰长江

## 主要景点

### 山城重庆

重庆地处中国的西南，古称江州，后称巴郡、楚州、渝州、恭州。公元1189年，宋光宗封恭王，后即帝位，自诩"双重喜庆"，升恭州为重庆府，重庆由此得名。重庆依山而建，人谓"山城"，冬春云轻雾重，又称"雾都"。重庆市区三面临江，一面靠山，建筑层叠耸起，道路盘旋而上，由此形成绮丽的夜景，故有"不览夜景，未到重庆"的说法。重庆的著名景点有：石云山、钓鱼城、枇杷山、浮图关、缙云山、四面山、南北温泉、大足石刻、红岩村、渣滓洞、白公馆、林园、孔园等。

### 大足石刻

大足石刻位于距重庆市区 120 千米处的大足县境内，始凿于初唐，历经

五代，到两宋时，造像达到鼎盛时期，后明清时期皆有造像延续。大足石刻以佛教题材为主，尤以北山摩崖造像和宝顶山摩崖造像最为著名，内容丰富，雕刻技艺精湛，巧妙地将力学、采光、透视等科学原理与造像内容和山形地貌相结合，被誉为"唐宋石刻艺术的圣殿"。现存雕刻造像4600多尊，其中造像264龛窟，阴刻图1幅，经幢8座，是中国石窟艺术中的优秀代表。1961年，国务院将其列为全国重点文物保护单位。

**宝顶山摩崖造像**

丰都鬼城

丰都鬼城位于长江北岸，距重庆市区170多千米。丰都鬼城名山原名"平都山"，因北宋著名文学家苏轼题诗"平都天下古名山"更名。相传，汉代有阴长生、王方平两人先后在平都山修道成仙。唐代有人误将"阴"、"王"两姓连缀为"阴王"，名山逐渐被传说附会为阴间之王所居之地，即演变成鬼都了。后随之陆续建起了许多与"阴曹地府"相关的寺庙殿宇，这里渐渐就成为名副其实的"鬼城"了。每年的农历三月三的"鬼城庙会"游人如织，"阴天子娶亲"、"钟馗嫁妹"、"鬼国乐舞"等民俗表演惊奇谐趣，令人叹为观止。

白帝城

白帝城位于重庆奉节县瞿塘峡口的长江北岸。白帝城东依夔门，西傍八阵图，雄踞水陆要津，为历代兵家必争之地。自古以来，著名诗人李白、杜甫、白居易、苏轼、范成大、陆游等相继来此参观游览，并留下了许多著名的诗句，故白帝城又有"诗城"的美誉。这里古迹众多，如武侯祠、观星亭、明良殿等。"火烧连营七百里"、"白帝城托孤"等传说，更增添了白帝城的名气。

### 长江三峡

长江三峡西起重庆市奉节县的白帝城，东至湖北省宜昌市的南津关，全长192千米，其中峡谷段90千米。自西向东主要有三个大峡谷地段：瞿塘峡（白帝城至黛溪）、巫峡（巫山至巴东官渡口）、西陵峡（秭归的香溪至南津关）。三峡两岸峭崖壁立，水道曲折多险滩，舟行峡中，有"石出疑无路，云升别有天"的境界。

### 神农溪

神农溪地处长江以北，发源于湖北省西部边陲的神农架，流经巴东县境内，在巫峡东口附近注入长江。神农溪流经棉竹峡、鹦鹉峡、龙昌洞峡三个峡谷，每段都有独特的自然风光。其中特别吸引人的是乘"豌豆角"（一种小木船）漂流。神农溪水道曲折，湍急的溪流中有险滩、长滩、浅滩等。神农溪溪水碧澈，除"三色泉"外，几乎见不到一缕混水。溪底遍布五色石，如花似锦。

### 古城荆州

荆州位于湖北省荆州市江陵县境内的长江北岸，以原境内蜿蜒高耸的荆山而得名，是我国目前保存比较完整的一座历史文化古城。荆州古城北据汉沔，南尽南海，东连吴会，西通巴蜀，历来是兵家必争之地，具有十分重要的战略地位，更是古代文人骚客的会聚之地。"闻听三国事，每到荆州"，提起荆州，人们便会想起三国时期"刘备借荆州"和"关公大意失荆州"的故事。古城荆州更以其神秘的历史过往，吸引着无数游人到此旅游。

### 江城武汉

武汉市是湖北省的省会，为华中地区的金融中心、交通中心、文化中心。长江最大的支流汉江在这里交汇，形成武昌、汉口、汉阳三大重镇，素有

"九省通衢"之称。唐代诗人李白曾在此写下"黄鹤楼中吹玉笛，江城五月落梅花"，因此，武汉自古又称"江城"。春秋战国时期，武汉是楚国兴起的军事和经济中心，三国时为吴国的领地，著名的武昌起义便发生在这里。武汉的主要景点有黄鹤楼、长江大桥、东湖、归元寺、古琴台等。

### 庐山

庐山地处江西省北部的鄱阳湖盆地，九江市以南，临鄱阳湖，雄峙长江南岸。庐山山体呈椭圆形，长约25千米，宽约10千米。庐山以雄、奇、险、秀闻名于世，素有"匡庐奇秀甲天下"的美誉。庐山是一座地垒式断块山，外险内秀。具有河流、湖泊、坡地、山峰等多种地貌。庐山的名胜古迹有：瀑布、白鹿洞书院、小天池、望江亭、五老峰、谷帘泉等。庐山尤以盛夏时节如春的凉爽气候为中外游客所向往，是国内久负盛名的风景名胜区和避暑游览胜地。

### 九华山

九华山位于安徽省池州市东南境，中国四大佛教名山之一，地藏菩萨道场，为首批国家重点风景名胜区。风景区面积120平方千米，保护范围面积174平方千米。九华山是安徽"两山一湖"（黄山、九华山、太平湖）黄金旅游区的北部主入口、主景区。九华山主体由花岗岩构成，以峰为主，盆地、峡谷、溪流交织其中。九华山处处有景，可谓"移步换景"。新老景点交相辉映，自然秀色与人文景观相互融合，加之四季分明的时景和日出、云海、晚霞、佛光等天象奇观，令人流连忘返。

### 黄山

黄山位于安徽省南部黄山市，面积约1200平方千米。黄山经历了漫长的造山运动和地壳抬升，以及冰川和自然风化作用，最终才形成其特有的峰林结构。黄山处于亚热带季风气候区内，由于山高谷深，气候呈垂直变化。黄山风光秀丽迷人，可以说黄山无峰不石，无石不松，无松不奇。黄山七十二峰，或崔嵬雄浑，或峻峭秀丽，布局错落有致，天然巧成。以奇松、怪石、云海、温泉——黄山四绝著称于世。黄山集泰山之雄伟，华山之险峻，衡山之烟云，庐山之飞瀑，雁荡山之巧石于一身，更有"天下第一奇山"之称。

黄山迎客松

中山陵

中山陵位于江苏省南京市，是中国近代伟大的政治家、革命先行者孙中山先生的陵墓及其附属纪念建筑群。中山陵依山而建，坐北朝南，面积共8万余平方米，气势磅礴，雄伟壮观。墓地全局呈"警钟"形图案，其中祭堂为仿宫殿式建筑，建有三道拱门，门楣上刻有"民族，民权，民生"的横额。中山陵的主要景点有：孙中山纪念馆、革命历史图书馆、光华亭、流徽榭、美龄宫、音乐台、行健亭、议政亭、仰止亭、永丰社等。

金山寺

金山寺位于江苏省镇江市内的金山上，始建于东晋，初建时称"泽心寺"，亦称"龙游寺"。自唐以来，人们称其为"金山寺"，是中国佛教诵经设斋、礼佛拜忏和追荐亡灵的水陆法会的发源地。金山寺的格局打破了我国大多数寺庙建筑坐北朝南的传统，而是依山就势，寺门西开，正对长江，殿宇栉比，亭台相连，遍山布满金碧辉煌的建筑，以致令人无法窥视山的原貌，因而有"金山寺裹山"之说。金山寺的主要建筑有：大雄宝殿、天王殿、祖师殿、迦兰殿、画藏楼、观澜堂、镇江楼、海岳楼、永安堂等。千年古刹金山寺每年都吸引着数以万计的海内外游客前来观光。

## 🌸 物产饮食

长江流域范围宽广，物产和饮食文化极为丰富，如川菜、湘菜、鄂菜、徽菜、苏菜、沪菜等著名的菜系都是在长江的滋育下发展起来的。沿途城市的主要物产和特色食品有：

青海省玉树县的冬虫夏草、川贝、黄芪、大黄、羌活、雪莲等野生植物。

四川省攀枝花市的芒果、香蕉、木瓜等热带水果；四川省宜宾市的五粮液酒。

重庆市的江津广柑、长寿沙田柚、苍溪雪梨、城口磨盘柿等水果和重庆火锅、泉水鸡、五香牛肉干、涪陵榨菜、合川桃片等食品。

湖北省宜昌市的五峰名茶、土家腊肉、宜昌柑橘等；湖北省荆州市的八宝饭、鱼糕等；湖北省武汉市的鸭脖子、周黑鸭等；湖北省黄冈市的板栗、茶叶、甜柿、桔梗、茯苓等。

湖南省岳阳市的洞庭鱼、龟蛇酒、屈原醇酒、君山银针茶、洞庭春茶、平江酱干等。

江苏省扬州市的双黄鸭蛋、酱菜、秦邮董糖等；江苏省江阴市的马蹄酥、黑杜酒；江苏省南京市的盐水鸭、板鸭、香肚等。

上海市的水蜜桃、枫泾丁蹄、梨膏糖、浦东鸡、凤尾鱼罐头、银鱼等。

# 第二节　雄奇的长江三峡

绮丽雄伟的长江三峡包括瞿塘峡的雄伟，巫峡的秀丽，西陵峡的险峻，还有三段峡谷中的大宁河、香溪、神农溪的神奇，使得这驰名中外的山水画廊气象万千——这里的群峰，重峦叠嶂、烟笼雾锁；这里的江水，汹涌奔腾、百折不回；这里的奇石，嶙峋峥嵘、千姿百态；这里的溶洞，形态各异、神秘莫测……

长江三峡两岸异峰突起，江流湍急，是大自然鬼斧神工的精心杰作。峡区数千年的历史文化沉淀令人憧憬，雄伟壮观的风光令人感叹。自古以来，无数文人雅士、迁客骚人都对长江三峡的壮丽风光和风土人情赞不绝口，更是留下了许多脍炙人口的千古绝唱。

北魏时期郦道元所著的地理名著《水经注》一书中有一段关于三峡的生动叙述：

自三峡七百里中，两岸连山，略无阙处；重岩叠嶂，隐天蔽日，自非亭午夜分，不见曦月。

至于夏水襄陵，沿溯阻绝。或王命急宣，有时朝发白帝，暮到江陵，其间千二百里，虽乘奔御风，不以疾也。

春冬之时，则素湍绿潭，回清倒影。绝巘多生怪柏，悬泉瀑布，飞漱其间。清荣峻茂，良多趣味。

每至晴初霜旦，林寒涧肃，常有高猿长啸，属引凄异，空谷传响，哀转久绝。故渔者歌曰："巴东三峡巫峡长，猿鸣三声泪沾裳！"

寥寥数语，就将三峡的万千气象尽收笔底。高耸的山峰，汹涌的江流，清澈的潭水，飞悬的瀑布，哀转的猿鸣，悲凉的渔歌……构成了一幅幅风格迥异而又自然和谐的画面，三峡雄奇险拔、清幽秀丽的景色，无不令人神往。

无论是瞿塘峡之"雄"，还是巫峡之"秀"，抑或是西陵峡之"险"，古往今来的旅人游客都对其进行过赞美与歌颂。首先来看雄伟的瞿塘峡：

瞿塘峡，又名夔峡，在三峡中最短、最窄，气势和景色最为雄奇壮观。对瞿塘峡的赞美，唐代诗人杜甫在《长江》一诗中有这样的描述：

众水会涪万，瞿塘争一门。

朝宗人共挹，盗贼尔谁尊？

瞿塘峡

孤石隐如马，高萝垂饮猿。

归心异波浪，何事即飞翻？

瞿塘峡夹江峭壁，江宽不过百米，最窄处仅几十米。其中夔门山势尤为雄奇，堪称天下雄关。山势之外，瞿塘水势"锁全川之水，扼巴蜀咽喉"，水急涛吼，蔚为大观。所以杜甫说"众水会涪万，瞿塘争一门"。对瞿塘峡山水之"雄"的描写，清代诗人何明礼写得更为贴切："夔门通一线，怪石插流横。峰与天关接，舟从地窟行。"

领略了雄伟的瞿塘峡的风采，接下来看巫峡的秀丽。

巫　峡

巫峡又名大峡，峡内幽深奇秀，两岸峰峦挺秀，飞瀑悬泻于峭壁。峡中江回路转，船行其间，颇有"曲水通幽"之感。巫峡内著名的有三台八景十二峰等景点：三台为楚阳台、授书台、斩龙台；八景为南陵春晓、夕阳返照、宁河晚渡、青溪渔钓、澄潭秋月、秀峰禅刹、女观贞石、朝云暮雨；十二峰为圣泉峰、登龙峰、朝云峰、神女峰、松峦峰、飞凤峰、翠屏峰、聚鹤峰、净云峰、起云峰、上升峰、聚仙峰。

对巫山的赞美，唐代诗人孟郊在《巫山曲》中是这样描绘的：

巴江上峡重复重，阳台碧峭十二峰。

荆王猎时逢暮雨，夜卧高丘梦神女。

轻红流烟湿艳姿，行云飞去明星稀。

目极魂断望不见，猿啼三声泪滴衣。

巫峡之中最享盛名的要算巫山十二峰了。有诗句"巫山十二峰，皆在碧虚中"，"巫山巍峨高插天，危峰十二凌紫烟"为证。巫山十二峰中，又以神女峰最富魅力。云雨中的青峰绝壁，宛若一幅浓淡相宜的山水画。巫山云雨之妙，唐代诗人元稹进行过如此精彩的描述："曾经沧海难为水，除却巫山不是云。"可见巫山的云雨是天下云雨之冠了。

　　游览了瞿塘峡的"雄"、巫峡的"秀"，再加之西陵峡的"险"，才能算是完美地鉴赏了长江三峡的雄奇。

　　西陵峡是长江三峡中最长的峡谷。因位于"楚之西塞"和夷陵（宜昌古称）的西边而得名。西陵峡的主要景观，北岸有"兵书宝剑峡"、"牛肝马肺峡"，南岸有"灯影峡"等。西陵峡为三峡最险处，滩多水急，礁石林立。

西陵峡

　　唐代诗人杨炯在《西陵峡》一诗中有这样的描述：

绝壁耸万仞，长波射千里。盘薄荆之门，滔滔南国纪。
楚都昔全盛，高丘烜望祀。秦兵一旦侵，夷陵火潜起。
四维不复设，关塞良难恃。洞庭且忽焉，孟门终已矣。
自古天地辟，流为峡中水。行旅相赠言，风涛无极已。
及余践斯地，瑰奇信为美。江山若有灵，千载伸知己。

　　西陵峡两岸峰峦叠秀，飞瀑流泉，满山黛色，风光无限。船出西陵峡南津关，视野豁然开阔，两岸平野万顷，"极目楚天舒"，别是一番情趣。

　　长江三峡是神州山水中的瑰宝，闪耀着迷人的光彩。三峡之美，最直观地表现在山水的起承转合之间。大峡谷则集中了自然之美的所有形态，自然生态的所有美的形态和质感，都在大峡谷得到完美的呈现。

　　长江三峡是中国文化的发源地之一，著名的大溪文化在历史的长河中闪耀着光彩。长江三峡，孕育了伟大的爱国诗人屈原和四大美人之一的王昭君，留下了许多诗圣文豪千古传诵的诗章，留存的许多名胜古迹同这里的山水风光交相辉映，名扬四海。

# 第三节　三峡库区的"水华"

　　三峡水库是三峡水电站建立后蓄水形成的人工湖泊，总面积1084平方千米，范围涉及湖北省和重庆市的21个县市。三峡水库自建立以来，库区次级河流受干流水位顶托的影响，回水段水流缓慢，几乎成为死水。"流水不腐"的效应失去以后，氮、磷等物质大量聚集到回水区，这些物质在适宜的光照和温度下，使得许多自养型的藻类水生生物大量快速繁殖，水生态平衡被破坏，出现"水华"现象。"水华"是淡水中的一种自然生态现象，调查结果表明，爆发"水华"的藻类主要有甲藻、硅藻、绿藻及隐藻。"水华"发生时，水体一般呈蓝色或绿色，并出现散发着腥臭味的浮沫。

　　据有关资料显示，自三峡水库初次蓄水后，"水华"现象就长期存在。在三峡库区重庆段23条支流中，大多数在每年的5～10月都会不同程度地暴发"水华"。

　　"水华"出现的原因主要有以下两个方面：

　　第一，水体的富营养化。

　　据相关调查显示，目前在三峡库区，主要污染物为面源污染。这些污染，包括来自库区及其上游的水土流失，农业生产、工业生产、日常生活的污染，以及规模化畜禽养殖污染。此外，值得关注的是，不少的高污染化工企业，正悄然流向三峡库区城市。有的地方政府为了留住企业，对国家的相关规定置若罔闻，甚至弄虚作假，强行让其过关，希望借此发展当地的地方经济。

　　例如，主要生产黄磷、工业磷酸、三聚磷酸钠等化工产品的公司搬迁后，搬到靠近长江主流的高阳镇白沙河村（现更名为昭君村）。2009年3月，记者来到时，工厂正在进行生产作业，烟囱冒出的滚滚浓烟弥漫在整个峡谷里。昭君村村民告诉记者，自从化工厂建成后，几乎每天都是浓烟滚滚，空气污浊了，茶叶没人要了，水变得浑浊，河里的鱼也死得差不多了。

　　类似的化工项目，还正在三峡库区大肆扩张。参与三峡工程环保论证的环境学家认为，不该在三峡库区建设化工厂。因为大量工业生产排放的废水，加上水域沿线大量施用化肥、居民生活污水等排入水库中，致使水库中的氮、磷、钾等含量上升，使水体富营养化，使得藻类大量繁殖，进而成为水体中的优势种群，"水华"现象便随之产生。淡水富营养化后，"水华"会频繁出现，而且面积会逐年扩散，持续时间逐年延长。

第二，水流速度的减缓。

三峡工程的修建对有效减少洪涝灾害、避免长江中下游地区的生态环境遭受破坏起到了一定的作用。但由于三峡成库后库区的水位上升，使得之前流动的河流变成"湖泊"，几近静止的湖泊的水流速度大幅减缓，几乎不再流动，进而水体的自净能力减弱，水环境承受力逐步降低，库区的水质状况呈下降趋势。另外，三峡水库建成后，大量泥沙沉积，水质变清，有利于水生植物，特别是藻类进行光合作用，进而导致藻类的生长繁殖加速，引起"水华"的产生。

三峡库区的"水华"

"水华"现象造成的最大危害是：

一、日常生活的饮用水源受到威胁。

重庆主城区在长江、嘉陵江的取水口共有 28 处，这 28 处取自上游的水质总体上都在 III 类标准，水质堪忧。

在大多数发达国家中，富营养化水体被禁止作为饮用水源。在三峡库区城市湖北省宜昌市等地，考虑到人们的健康，饮用水的采集也都不选择长江或长江支流。尽管如此，三峡水库作为中国水资源的战略储备库，一旦全面富营养化，其影响无疑是灾难性的。

二、影响人类的健康。

经研究发现，导致"水华"暴发的部分藻类，还会分泌释放出藻毒素。最常见的微囊藻毒素是一种强烈的肝脏致癌剂，通过食物链影响人类的健康，严重时可使人罹患疾病。即使对其进行加热煮沸和常规的饮水消毒处理，其毒素也不能被破坏，对人类健康构成的危害可想而知。

三、导致鱼类产量逐渐下降，甚至会使大量的鱼类死亡。

当藻类大量生长时，这些藻类能释放出毒素——湖靛，对鱼类有毒杀作用。另外，"水华"会引起水质恶化，严重时会耗尽水中的氧气，并且会大量挤占鱼类易消化藻类的生存空间，进而造成鱼类的死亡。

四、会降低水生植物的多样性。

"水华"发生后，大量的浮沫和带状物会恶化水的通风及光照条件，抑制了库区中浮游植物有益种类的生长繁殖，阻碍水藻的光合作用，使许多丝状藻和浮游藻等不能合成本身所需的营养成分而死亡。

发生"水华"时，水体的指标常常超出水中浮游植物的忍受限度，从而会引起浮游植物的大量死亡。例如，"水华"白天的光合作用可以使水体的pH上升到 10 左右，超过浮游植物的忍受限度而使浮游植物死亡。

五、影响景观，并伴有难闻的臭味。

虽然发生"水华"时，藻类的生长速度很快，但由于水中的营养盐被用尽，它们也会很快死亡的。藻类大量死亡后，在腐败、被分解的过程中，也要消耗水中大量的氧，并会上升至水面而形成一层绿色的黏状物，使水体产生严重的臭味。另外，大量黏状物质的漂浮，会影响水库的景观。

总而言之，"水华"问题是影响三峡水库发展的重要问题，是必须尽快解决的，只有这样，三峡水库才能真正地为社会谋发展，为人民谋幸福。

# 第四节　积极治理，共同关注

三峡工程是全世界最大的水利枢纽工程，历时 10 多年建设，目前已经开始全面发挥防洪、发电、航运等综合效益。但其近几年所面临的"水华"问题，仍然没有得到彻底地解决。经过科学家、环境学家等有关专家学者几年的考察研究，已经初步探明了"水华"发生的一些机理。

面对如此严峻的问题，应从以下几个方面着手解决：

第一，全面建立监测预警机制。

　　三峡库区及其上游地区经过多年的污染治理，取得了一定的成效。但由于环境保护基础比较薄弱，环保投入有限，库区仍然面临着库区废水达标率低，污水处理设施严重不足，水体污染趋势加重的问题。

　　调查显示，在三峡库区建设的多个污水处理厂，根本就没有除氮脱磷的技术，这或许是三峡库区"水华"肆意生长的原因之一。

　　有关专家指出，国家为三峡水环境保护投入巨资修建污水处理厂，然而效果有限。2001年10月，国务院批准实施《三峡库区及其上游水污染防治规划》，总投资392.2亿元，在库区及其上游建成城市和县城污水处理厂50座，垃圾处理场40座。由于是国家出绝大多数的费用，很多地方不顾实际情况的需要，肆意扩大污水处理厂的规模。建成以后才知道运行经费要污水处理厂自收自支，因此，大多数污水处理厂建成后都几乎没有运行。有关人士透露："国家环保总局在2005年到库区去检查时发现，有接近70%的污水处理厂根本没有运行，或者只是偶尔运行。"

　　针对这种情况，国家应建立检测预警机制，实时对污水的处理情况进行跟踪监测，或是对库区内的水源状况进行定期的抽查评定，将国家的污染防治规划落到实处，真正为库区"水华"的改善治理把好关。

　　第二，加强污染源的控制，努力减少污水的直接排入。

　　经调查发现，城市生活垃圾目前只进行过简易处理，生活垃圾无害化处理率不足7%，大部分垃圾是沿岸堆放，这样极易掉入江中，污染江水。而工业固体废物多数就地堆积，部分直接排入江河。大量的船舶将没有经过净化处理的生活

三峡库区上游某地排放的污水

污水直接排放到长江，污染水质，对三峡库区的水环境安全构成重大威胁。据环保部门测算，重庆市的各类运输船舶每年产生垃圾4.2万吨，生活污水1500多万吨，含油废水100多万吨。这些污水，只有约1%经过处理……此外，库区生活污水集中处理率不到10%。库区次级河流污染严重，56%的河

段水质不能满足水域功能的要求。同时，重庆主城区、涪陵区、万州区等城市江段已经形成岸边污染带。

面对如此令人触目惊心的数据和景象，长江沿岸各地政府应从本地的实际情况出发，制定科学、有效、可行性高的方案，管理和号召当地人民、当地工厂、过往船只减少污染物的排放量，爱护长江。必要的地区可加大对垃圾的回收利用率，从根本上解决垃圾对江水的污染问题。

第三，采用水库调度的办法来加强水的波动、变动。

藻类得以大量繁殖的条件之一就是水体的不流动，因而可以采用水库调度的办法来加强水的波动、变动，破坏藻类赖以生存的环境，以此达到减缓或是控制藻类的生长繁殖。

第四，抑制藻类的生长。

针对大量藻类的快速繁殖，可以通过生态操控的办法抑制藻类的生长。比如，通过生态操纵的办法，在水中放置吃这些藻类的鱼类，以此对藻类进行控制。

但是这种方法只能作为辅助手段进行，因为大量吃藻类的鱼类的入江，会增加水中的氧气需求量，在缺氧的环境下，会对江中原来的鱼类生存构成威胁，而且还会破坏生态平衡。

第五，退耕还林，增加长江流域的水源涵养。

由于滥伐森林和毁林开荒，长江流域的森林覆盖率大幅下降，其中库区的森林覆盖率仅为 21.7%。长江流域大量的天然林遭到砍伐，涵养水源功能呈明显下降趋势，进而保土拦沙能力也会下降。由于多年来对草地采取粗放式的经营方式，退化的草地已达 750 万公顷，沙化草地已达 5 万公顷。生态环境的恶化导致河流年径流量减少。另外，三峡库区及其上游陡坡的垦殖现象十分普遍，仅库区坡耕地就占耕地面积的 74.3%，不合理的农业开发造成大量的面源污染进入江河，加剧了水污染。

三峡库区有着丰富的水资源，近几十年来，由于各方面的原因，库区的水环境遭到不同程度的破坏、污染，如今，全面保护、综合治理三峡库区的水环境迫在眉睫。面对如此严峻的形势，相关部门应加大退耕还林、退耕还草的力度，坚决制止不合理的农业开发对水源的浪费及污染。

随着库区经济的发展、社会的发展以及三峡工程库区移民的安置，如果不采取强有力的污染防治措施，工业生产和日常生活的排污量还将大量增加，人为破坏生态环境的现象仍会继续存在，将会对三峡库区水环境造成更大的压力。由于经济发展水平低，库区水污染防治工作量大面广，生态环境的严峻形势，所面临的诸多问题归根到底还不能得到有效解决。鉴于三峡库区的特殊性，建议国家相关部门，按照三峡电站的受益省市和长江上、中、下游区域间的经济发展水平，建立生态补偿机制，对三峡库区污水、垃圾项目的运行进行补偿，确保建成项目能正常运行，切实改善三峡库区的水污染问题。

三峡库区所贮存的水资源是我国的主要战略资源，解决好三峡库区水污染防治问题，是我国实施可持续发展战略的重要保障。我国区域间经济发展不平衡导致了保护环境能力的差异，需要由国家加以引导，建立和完善相关的调控手段。

作为世界上最大的人工水库以及半封闭水体，三峡水库蓄水后的水质问题仍需要全社会的积极参与、共同关注，以及各方面的专家学者献计献策，为三峡库区的环境改善贡献自己的一份力量。

# 第七章　近观中华第一瀑

对于一切依托于水的景象，无论是大海、江河，还是泉水、瀑布，人们总会赋予其特别的感触。如果说浪涛是自然赐予人们清洗肌肤的，那么瀑布就是自然赐予人们涤荡心灵的。在中国壮美的山川中，在无数条瀑布中，黄果树瀑布堪称绝美，它是最雄浑瑰丽的乐章，它将河水的缓流和奔腾巧妙地糅合在一起。让我们走进黄果树瀑布，领略大自然的神奇。

## 第一节　游览指南

### 景区概况

黄果树景区属中亚热带，是典型的熔岩地区，海拔600～1500米，景区风景秀丽，气候温和，雨量充沛，冬无严寒（隆冬时节，贵州大部分地区天寒地冻，而黄果树景区内依然一派生机），夏无酷暑，四季皆适宜观光旅游。

黄果树景区位于贵州省安顺市镇宁布依族苗族自治县境内的白水河上，白水河流经当地时河床断落成九级瀑布，黄果树大瀑布为其中最大的一级。以黄果树大瀑布为中心，分布有石头寨景区、天星桥景区、霸陵河峡谷、三国古驿道景区、滴水滩瀑布景区、郎宫景区、陡坡塘景区等几大独立景区。黄果树景区是我国第一批国家重点风景名胜区和首批获得国家评定的4A级旅游区，景区先后被评为全国科普教育基地、"全国文明风景区"示范点。2005年，被中国国家地理杂志社评为"中国最美丽的地方"，并荣获"欧洲游客最喜爱的中国十大景区"等荣誉称号。

黄果树景区内景色秀丽，空气清新，气候宜人。景区内瀑布成群，洞穴

黄果树景区风景

繁多，植被奇特，溶洞、石壁、石林、峡谷，比比皆是，呈现出层次丰富的喀斯特风貌，令人流连忘返。

## 主要景点

黄果树大瀑布

黄果树大瀑布，形成于二三亿年前，属于喀斯特侵蚀裂典型瀑布。以其雄奇壮阔的景观而闻名于海内外，并享有"中华第一瀑"的盛誉。

黄果树大瀑布高 77.8米，宽 101 米，腾起的水珠高 90 多米，在附近形成水帘。盛夏到此，暑气全消。黄果树大瀑布是黄果树瀑布群中最为壮观的瀑布，是世界上唯一可以从上、下、前、后、左、右六个方位观赏的瀑布。黄果树大瀑布既有水量丰沛、气韵万千的恢弘，又有柔细飘逸、楚楚依人的

黄果树大瀑布景观

柔曼，若逢适当的阳光照射还可形成迷人的彩虹。瀑布对岸高崖上的观瀑亭上有一副对联："白水如棉，不用弓弹花自散；红霞似锦，何需梭织天生成。"这是黄果树大瀑布的真实写照。瀑布周围岩溶广布，河宽水急，重峦叠嶂，气势雄伟。

黄果树大瀑布以秋夏雨季时分景色最为壮观。这时黄果树大瀑布的高度和宽度可达全年最高纪录。只见河水咆哮倾泻，声如雷鸣，气势磅礴，慑人心魄。在枯水期时，随着水流的减少，瀑布会变小不少，此时另有一番景象。

*瀑布"家族"*

在黄果树大瀑布周围分布着雄、奇、险、秀风格各异的大小18道瀑布，形成一个庞大的瀑布"家族"。瀑布"家族"被大世界吉尼斯总部评为世界上最大的瀑布群，并被列入吉尼斯世界纪录。黄果树瀑布群堪称世界上最典型、最壮观的瀑布群，比如：滴水滩瀑布、连天瀑布、冲坑瀑布、关脚峡瀑、绿媚潭瀑布、蛛岩瀑布、陡坡塘瀑布、天生桥瀑布、银链坠潭瀑布、星峡飞瀑、螺蛳滩瀑布、落叶龙潭瀑布、龙门飞瀑布、大树跨岩瀑布等都各具特色、造型优美。在其周围还有许多喀斯特溶洞，洞内有各种喀斯特洞穴地貌，形成著名的贵州"地下世界"，具有极大的旅游观光价值。

*犀牛潭*

黄果树大瀑布前面的跌水潭，因瀑布从高处泻落，成年累月冲击成一个深潭，状若犀牛（又有传说有犀牛从潭中登岸），故而得名"犀牛潭"。犀牛潭潭水深11.1米，满潭被瀑布所飞溅的无数水珠所覆盖。瀑布对面建有观瀑亭，游人可在亭中观赏汹涌澎湃的瀑布水奔腾直泻犀牛潭中的壮美景象。

犀牛潭

### 银雨撒金街

瀑布激起的水花如雨雾般随风飘飞，漫天浮游，落在瀑布不远处的黄果树小镇上，特别是艳阳高照之日，水雾蒙蒙，会映出金色的光来，似真似幻，整个街道似乎成了金色大街，这就是远近闻名的"银雨撒金街"的奇景。

### 雪映川霞

瀑布飞溅的水珠上经常挂着七彩缤纷的彩虹，随人移动，变幻莫测。古人说"天空云虹以苍天作衬，犀牛滩云虹以雪白之瀑布衬之"，故有"雪映川霞"的美称。

### 水帘洞内观日落

瀑布后面的绝壁上凹成一洞，称作"水帘洞"，洞口常年被瀑布所遮挡。水帘洞内部结构十分绝妙，134米长的洞内有6个洞窗、5个洞厅、3个洞泉、2个洞内瀑布。游人可在洞内窗口窥见天然水帘之胜境。日薄西山之时，凭窗眺望，云蒸霞蔚，苍山顶上一片绯红，景象迷离变幻，这便是著名的"水帘洞内观日落"的美景。

### 天星桥

黄果树下游6千米的天星桥是天然形成的石桥，中间插着一块石头如流星坠落时碰巧构成，天星桥正是得名于此。天星桥连接着三个片区，即天星盆景点、天星洞景点、水上石林景点。

### 红岩碑

红岩碑地处贵州省关岭布依族苗族自治县龙枣树村晒甲山上，距黄果树瀑布7.5千米，传说蜀相诸葛亮曾南征屯兵晒甲于此。红岩碑是一块红色的天然石壁，长约100米，高30多米。碑上有几十个字，非镌非刻，非篆非隶，年代久远，神秘莫辨，无人能解，当地人称之为"红岩天书"。

为了揭开它的神秘面纱，从明代开始，一些学者亲临鉴识，临摹，考究，众说纷纭，莫衷一是。有人说是殷高宗伐鬼方还经其地纪功刻石的文字。有人因为当地有诸葛亮、孔明塘、孟获屯、关索岭等与诸葛亮南征有关的传说和遗迹，便认为它是"诸葛武侯碑"。有人从地理环境上去考证，认为红岩文字是大禹治水纪功的遗迹。还有人从民族学着眼，把它认为是少数民族文字如古苗文、古彝文和爨文的。更有一种说法认为，红岩碑非人工所为，而是

**红岩碑**

自然生成的石花。以上种种说法，各自有据，但多穿凿附会，有的近乎猜谜。正像清人张焕文在《红岩碑》一诗中所写："聚讼徒纷纷，以惑而解惑。"缺乏充分证据，不能使人信服。后来，国内外许多专家学者都对其进行了考察，试图解开谜团，然而至今没有一种解释令人满意。几千年来，一直流传着一首民谣："红岩对白岩，金银十八抬。谁人识得破，雷打岩去抬秤来。"

## 物产饮食

黄果树瀑布所在地——贵州省镇宁布依族苗族自治县颇具特色的一种民族传统食品波波糖，始于清朝咸丰年间，最早为朝廷贡品，至今已有数百年的历史。波波糖相传原是镇宁附近苗族王宫中的小点心，后来其制作方法流传出来，经过不断的改良加工，才形成今天的波波糖。波波糖以糯米加工的饴糖和炒熟的芝麻粉末为主要原料，经过精心加工制作而成。将饴糖加温至40℃时，加入芝麻末，这时饴糖就能层层起酥，再将起酥的糖皮卷成扁圆形状，一个个洁白的酥糖就像春风拂荡的层层波澜，故名为波波糖。波波糖以饴糖为原料，易消化，经过麦芽酶的作用可变为葡萄糖，直接进入血液，极富营养，加上芝麻末，入口即化，是一种老幼皆宜的食品。1979年，波波糖在广州交易会上受到国内外人士欢迎，现在它已远销美国、加拿大、日本、朝鲜和东南亚等20多个国家和地区。

另外，黄果树地区的黄果和籼米糕也极富特色。

# 第二节　壮丽迷人的瀑布景色

　　到贵州旅游，总能听到"不去看看黄果树，等于没到贵州来"这句人们常说的话，黄果树瀑布的精妙可见一斑。走进号称"黔西明珠"、"地上天河"的黄果树瀑布，踩踏着脚下的一条石板路，沐浴在瀑布漫天飞溅的细雨中，真是心旷神怡。在景区内畅游，每一位造访者无不为它的雄美绮丽、为大自然的鬼斧神工所倾倒。值得一提的是，黄果树瀑布还会随季节的变化变幻出种种迷人的奇观。

　　夏秋时节，洪水暴涨，瀑布似银河倾泻，奔腾浩荡，雷声轰鸣，十多里外，都能听到咆哮声。由于水流的强大冲击力，溅起的水雾可弥漫数百米以上，使坐落在瀑布附近的寨子和街市常常被溅起的水雾所笼罩。

**黄果树瀑布夜景**

　　明代著名的地理学家、旅行家徐霞客游历百川，在考察黄果树大瀑布时赞叹道：

　　……担夫曰："是为白水河，前有悬坠处，比此更深。"余恨不一当其境，心犹歉歉。随流半里，有巨石桥架水上，是为白虹桥。其桥南北横跨，下辟三门，而水流甚阔。每数丈，辄从溪底翻崖喷雪，满溪皆如白鹭群飞。白水之名不诬矣！渡桥北，又随溪西行半里，忽陇箐云蔽，复闻声如雷，余意又奇景至矣！透陇隙南顾，则路左一溪悬捣，万练飞空，溪上石如莲叶下覆，中剜三门，水由叶上漫顶而下，如鲛绡万幅，横罩门外，直下者不可以丈数计。捣珠崩玉，飞沫反涌，如烟雾腾空，势甚雄厉。所谓珠帘钩不卷，匹练挂遥峰，俱不足以拟其壮也。盖余所见瀑布，高峻数倍者有之，而从无此阔而大者。但从其上下瞰，不免神悚。而担夫曰："前有望水亭可憩也！"……

**徐霞客的塑像**

据史料记载，徐霞客曾先后两次考察贵州，写下了《黔游日记》。其中对黄果树瀑布进行了无比的赞美。后来，黄果树瀑布逐渐被人们认识。随着《徐霞客游记》名扬九州，黄果树瀑布也名声远扬。在徐霞客诞辰400周年的1987年1月，人们在黄果树瀑布前塑了一尊徐霞客的塑像，以此对这位伟大的旅行家表示感谢。

每到冬春时节，泉细水小，瀑布分成三五绺垂挂下来，但也不失其"阔而大"的气势，远远望去，洁白的水帘飘然而下，如绸缎飞舞，若仙袂飘举，似淑女浣纱……清代贵州著名的书法家题写了对联：

白水如棉，不用弓弹花自散；
红霞似锦，何需梭织天生成。

此对联形象而生动地概括了黄果树瀑布的壮丽景色。

黄果树大瀑布飞流直下，如捣玉崩珠；马蹄潭、犀牛潭激浪翻涌，水沫腾起半空，飘飘洒洒，丽日辉映。关于这幅唯美的景象，有一个美妙的传说：

三国时，蜀相诸葛亮南征。关羽的儿子关索奉命率本部兵马南征，来到黄果树瀑布畔，只见白水河拦住了路。河虽不宽，但水深流急，且没有一座桥可以过河，更没有船可用。关索命令大军在河西岸扎下营来，派人伐木造船。终于造好了一只木船，关索命令军士抬到河里试渡。殊不知，河水湍急，船划不到对岸去，却被冲着往下游漂，栽下黄果树大瀑布，船碎人亡。

关索又下令开山取石架桥。众军士一天到晚在西山下敲打山岩，然而却打不出几块石头——这里的石头像铁一样硬。许多军士的手、脚、腿都受了伤，最后才打下一堆石块，勉强够拱一座小桥。

在他们打算动手拱桥的前一晚，突然出现了一个白胡子老人，他骑着一匹长犄角的小马，腰间挂着一个圆溜溜的葫芦。老人悠然来到采石场，取下

人与环境 知识丛书

腰间的葫芦，在采下的每块石块上滴了一滴水。滴完后，连人带马消失了。

第二天，军士们用那些石头去拱桥。桥拱好后，关索亲自骑着战马领头从桥上过。谁知，原来坚硬无比的石头却变得跟豆腐一般软了。关索的马刚一踏上桥，桥就坍塌了。关索和马一起掉下河，马在其中的一块石头上踏出了一个大蹄印，就是现在的马蹄潭。

关索骑的是一匹白龙马，落下河后，马一跃，把关索驮上了岸，关索才没被淹死。这时，白胡子老人又出现了。他问关索："你为何要带兵来此？"关索回答："奉主公和军师之命，拓展西蜀疆域，统一华夏江山。"老人又问："此地百姓愿归顺你家主公？"关索猜想，这位老人一定是此处山民的首领了。他急忙下马，对老人跪拜道："我家主公顺天意，心怀天下百姓，兴盛华夏江山，万望老神仙辅助，同创万代大业。"

老人觉得关索说得在理，见蜀军并无恶意，便答应帮忙渡河。老人骑着小马走了，第二天就带来九个漂亮的南国姑娘。她们人人背着一大背篓七色丝线，拿一只闪闪亮的银梭。九个姑娘在瀑布边织锦，织了九天九夜，织出九千九百九十九匹锦缎。老人把锦缎往大瀑布下的河流上空一抛，变成了一座五彩斑斓的大桥。关索率军马平安过了桥，辞别老神仙和仙女，往南进发了。

古往今来，无数文人墨客都对黄果树瀑布进行了称赞与歌颂。当代著名诗词书法家张守富所作的《观黄果树瀑布》极尽赞美之情：

万顷银河泻，千寻素练悬。

雷鸣声裂地，狮吼势崩前。

骚客激情涌，将军跃马旋。

遣谁挥巨笔，狂草刷长天。

诗中囊括了关于黄果树瀑布的历史传说与对瀑布美景的赞赏，令人对瀑布有了更深刻的印象。

走近黄果树瀑布，赫然显现于眼前的景象不禁令人神往。步步趋近，停留在瀑布跌落的犀牛潭边，仰望瀑布，瀑布飞溅的珠帘上挂着七彩缤纷的彩虹，变幻莫测。古人说"天空云虹以苍天作衬，犀牛滩云虹以雪白之瀑布衬之"，如此盛赞，正恰如其分。

黄果树瀑布虽不如庐山瀑布那样长，但比它宽得多，所以显得气势非凡、雄伟壮观。黄果树瀑布，不愧为大自然的杰作！

# 第三节  断流的尴尬

看过黄果树瀑布的人，无不被它的气势所震慑。在海内外的车站、酒店、宾馆、家庭居室墙壁之上，随处可见气势磅礴的黄果树瀑布的照片。然而，瀑布壮丽的景观在最近几年中出现的周期越来越短了。

根据有关报道，在2001年"五一"黄金周期间，黄果树瀑布却让远道而来的游客大为失望。常年被飞瀑急流冲刷的断崖上，只有"一股细流，几行清泪"的凄清景象，旅游手册中"远隔五里，即闻瀑声"的介绍成为历史。据有关部门介绍，在此期间，黄果树瀑布上游的河水平均流量仅为1立方米/秒。据估算，流量至少要达到4立方米/秒，瀑布的水帘才能覆盖1/3的瀑面，形成最一般的景观。

那么，瀑布究竟是如何形成的?

瀑布，地质学上叫做跌水，是由地球内力和外力作用而形成的。在一般情况下，河流总是透过侵蚀和淤积过程来平整流动途中的不平坦之处。经过一段时间的流淌以后，河流长长的纵断面形成一条平滑的弧线。由于地表变化，流动的河水突然地、近于垂直地或较大落差地跌落，这样的地区就形成了瀑布。对于瀑布来说，源源不断的水流"供给"是其长存的基本保证。总而言之，要形成一道壮观的瀑布，除了需要高低突变的地形，还需要有足够的水才行。

从地理位置上来看，黄果树大瀑布处于长江和珠江两大水系的分水岭，境内岩溶地貌十分发育，暗河与伏流、地表水与地下水明暗交错。地处分水岭，又属于河源瀑布，水流量受降水的影响较大，加上是岩溶地貌，漏水、跑水多，所以瀑布水量保持长期丰沛较难。

黄果树瀑布的壮阔与纤细、奔流与断流，是由地面河打邦河和岩溶地下河的水流量大小决定的。黄果树上游段由白马河、镇宁河、桂家河、大抵拱河、打邦河等5条地表河，从安顺西秀区渗流下来的对门寨河、宁谷河、桃水河、小屯河等地下河，及白马水库、桂家湖水库、杨家桥水库、蜜蜂水库、娄家坡水库、虹山水库等水库组成供水水源，流域面积2100平方千米。其河流流量决定瀑布的水量，而降水的多少，又影响河流流量。黄果树流域年降水1500毫米，一年的降雨日数占全年的50%，也就是说，黄果树瀑布水量有半年是自然雨水，有半年是靠自然生态调蓄供水。如果出现大雨、暴雨的时候，瀑布就会出现洪瀑；不下雨时，瀑布水量就小，或者断流。

有一个不可忽视的问题是，即使降水量很大，但降到漏水、跑水的岩溶地貌中，也容易造成水量流失。由于该地区是100%的碳酸盐岩石分布，拿黄果树瀑布流域来说，该流域石山裸岩占总面积的13.73%，可以称作是一个"下雨水往地面走，无雨水往地下流"的地区。

水流量较少时的黄果树瀑布

概括来说，造成黄果树瀑布水流量减少有以下几个方面的原因：

第一，聚湖泊水、水库拦截水源直接影响瀑布的水源来源。

瀑布上游的湖泊、水库由于农业灌溉和自身旅游发展的需要，在枯水季节要开闸灌溉或关闸保水，都会直接影响黄果树瀑布的水量。

第二，耕地栽培作物面积的改变影响瀑布的水量。

在流域内，栽培的水稻、玉米等作物，通过耕地的作用，能在夏季留蓄雨水，减缓降水的流失速度，让瀑布的"急流"变为"长流"。豆类、薯类、麦类、高粱、油菜、烟草等作物，则在秋、冬、春三季根据生长的需要，以根部抽取地下水，加上湖泊水库储蓄灌溉水等方式，向流域内的河流进行补水，增加瀑布流量，让瀑布在旱季也能流淌。然而，20世纪60年代后，受经济利益的驱使，流域内的耕地，冬春季土地裸露面积达2000多公顷，既增加了蒸发量，也影响了地表水和地下水的水量。

第三，流域内森林面积的减少影响地表的保水功能。

20世纪60年代以来的乱砍滥伐，致使黄果树周围森林植被面积大量减少。造成了"夏季下雨留不住，旱季没水补瀑布"的局面。2002年，黄果树景区规划面积为115平方千米，加上景区的外围保护地带共310平方千米，其森林覆盖率仅为 10.3%，不及全省平均水平的 1/3，大瀑布和天星桥两个核心景区的森林覆盖率只达 15.6%。黄果树景区的植被为次生植被，由于受人为活动的影响，原生植被被破坏殆尽。如今，原生常绿阔叶林已不复存在，现有植被为次生类型，并正沿着森林—灌木—草丛—裸岩的方向逆向发展。

森林的日渐稀少，植被的贫瘠，大量山石、土壤的裸露使得土地涵养水分功能大幅降低，通常会出现大雨时河水浑浊，小雨时瀑布细小，天晴日久则水源枯竭，甚至出现瀑布断流的现象。

第四，岩溶地貌的改变使供给瀑布的地表水、地下水水量发生了变化。

黄果树景区进行的坡改梯改变了地表土壤、岩石分布，使得原有的水系分布改变了。某些地区的坡改梯爆破震裂了地下河道的岩石，使地下水流淌方向和深度发生了改变。

第五，耕地面积的大量增加，增加了农业灌溉的用水量。

黄果树所在的打邦河上游地区，多年平均流量为 30 立方米/秒，径流量为 9 亿立方米，因该地支流较多，流水往往从支流渗入地下，影响瀑布的总水量。其支流桂家河，流域面积为 361 平方千米，按理来说，仅靠桂家河 5 立方米/秒的流量，已能形成瀑布。但是，由于土地荒山承包到户，人们为了占地的需要，使得大面积的草地、灌木树林变成了广种薄收的耕地。然而对这些耕地进行的灌溉大量地浪费了水，引流灌溉又改变了流水路径，影响了瀑布的流量。

据当地群众介绍，20 世纪 60 年代以前，黄果树瀑布是不分丰水、枯水季节的，没有出现过枯水的状况，哪怕是在冬季，水流量也相当可观。2000 年至 2002 年，黄果树瀑布因水量不足，一度瀑布变为细流，甚至断流。在 2001 年，暴发了多年来愈演愈烈的生态危机，成为黄果树瀑布历史上一个最为干涸和苦涩的 5 月，出现了自 1990 年以来最严重的枯水现象，由于瀑布景观"受损"，造成"五一"黄金周旅游团首次出现退团的难堪局面。然而现在，瀑布不仅有枯水期，而且枯水期呈明显的逐年延长的趋势，黄果树区域内的一些村庄也会出现井水枯竭、山泉干涸的状况。目前，枯水期已从 20 世纪 80 年代的每年 2 个月延长到 5 个月，甚至半年之久，尽管上游建了水库，采取夜蓄日放的手段进行缓解，但仍然不能从根本上解决问题。有关专家进行深入的研究后预言，如果不下大力气进行生态重建，50 年后黄果树瀑布将不复存在。

经有关专家研究认为，流域内是岩溶地貌，上游长期不降雨是客观的自然因素。但上游森林植被减少，农作物植被改变，使得保水能力差；石漠化进程加快，蓄水的水库水量太少，大降水留不住；垦耕面积扩大，农业灌溉用水增加等人为因素，则是导致瀑布断流的直接原因。

1992 年，当地在经过一年的精心准备后，黄果树瀑布向联合国教科文组织申报"世界自然遗产"。该组织经过一番认真的考察之后，指出，景区植被覆盖率低、环境差、人工痕迹和商业化气息过重，希望黄果树景区加快绿化和保护生态的步伐……但是，同期申请并接受考察的张家界和九寨沟却一次过关，"世界自然遗产"的美冠使得当地旅游经济大幅攀升。

事实上，联合国官员对黄果树瀑布断流原因的评价是极其中肯的：景区上游植被的大面积破坏，喀斯特地表日愈严重的石漠化使得降雨量逐年减少，脆弱的生态环境日渐恶化。

尽管在落选后景区加大了植树造林的力度，但有关专家认为，植被覆盖率过低，远远达不到恢复景观和涵养水土的功效。

众多的喀斯特石林，大大小小的瀑布群，星罗棋布的溶洞，多姿多彩的民族风情，使黄果树成为我国内容最丰富、旅游价值极高的游览区。但是由于景区内过量的人口载荷，加之缺乏有效的管理，使得垦荒量逐年增加，水土流失加剧，石漠化现象日益严重。稀疏的野草、零散的树木难以遮住荒山上裸露的岩石和薄土，这样的景象并非在山区，而恰恰是在闻名于世的国家级风景名胜区黄果树瀑布的周边。

有关专家指出，21 世纪的旅游是自然生态旅游，贵州丰富的自然生态资源是非常宝贵的，而像黄果树这样处于岩溶地区的生态十分脆弱，一旦遭到破坏便不可再生。如果这里的生态环境得不到很好的保护，如果这里在管理上依然如此混乱，那么黄果树瀑布必将永远从地球上消失……

# 第四节　让瀑布奔流不息

全国著名的名胜景区之一——黄果树瀑布正面临着断流的局面，实在令人扼腕痛惜。今天的黄果树瀑布已远离了教科书中描写的辉煌，取而代之的

黄果树景区渐近干涸的峡谷

是"几行清泪"的凄清景象。

是我们不知道黄果树景区水资源枯竭的原因？是观念问题？是制度问题？还是利益问题？

通过多年的研究观测，环境地理学家认为，黄果树瀑布流域的岩溶地貌、气候、水文、植被等，构成了一个自然生态系统。而岩溶灌木林的减少、农作物的变化、耕地面积扩大、农业用水量增加、水库拦蓄用水等，则构成了人为生态系统。气候问题是人力难以改变的，不过对岩溶地貌的人工改造使用、河湖水库的水文条件、植被的恢复等，是可以恢复其自然生态的。

随着人们环保意识的提升，为了自然生态的科学、合理的需要，当地林业、农业、水利、国土、环保、旅游等部门采取了控制非农业建设用地，确保基本农田面积，进行土地开发整理复垦等措施已取得了初步的成效。还有几项能够从根本上改变黄果树瀑布命运的大型项目虽早已立项，却迄今没有资金实施。这一切都需要大量资金，而窘迫的财力让人们力不从心。除了国家相关部门在资金上的资助外，以下几个方面的措施也不可忽视：

第一，加大政策力度，从根本上制止以经济利益为核心的旅游开发方式。

坚决制止人工化的以景区盈利为目的的开发、改造工程。对景区自然形态的改建会使生态系统遭受破坏、森林面积减少、污染物排放量增长……然而某些人为了牟利不顾对环境产生的影响、不顾相关政策的规定而大肆修建现代设施。

据说2001年，由某旅游公司投资的陡坡塘瀑布景区开发施工工地被黄果树景区管理委员会下令停工。据了解，这样的事情已经发生过多次。同样被下令停工的还有黄果树宾馆、保龄球馆等工程，而以大型电扶梯替代现在索道的项目进展得也并不顺利。黄果树景区管理委员会有关人士解释，对陡坡塘等项目做出停工决定，是因其没有办理相关的手续，甚至干脆就是无项目立项手续、无环境质量评价、无规划审批手续、无建设施工手续的"四无"工程。按理来说，在景区内任何开发、改造、经营行为，未经地方政府批准和特许，均为违法或违规。然而旅游公司却说是经过管理委员会批准的，只是换了个地方而已。

总而言之，对于黄果树景区的工程，相关部门应加大政策管理力度，设立相应的法规、规章，从根本上制止其对景区的"窥探"，最大限度地保证景区的良性发展。否则大量工程的"入住"，会使得本地的水资源需求更加紧张。

第二，保护自然生态体系。

由于黄果树景区的常住人口众多，加之国内外大量旅客的造访，景区内的垃圾日渐增多，堆积如山的垃圾污染了环境，其中最严重的是对土壤、水源的污染。据调查，黄果树景区几乎所有的宾馆、餐馆、旅店都没有专门的污水处理设施，加之上游的一些企业和小煤窑对河道的污染，景区水质污染逐渐加剧。

针对如此紧迫的问题，相关部门新建了完善的排污系统以及3个污水处理厂和1个以垃圾为原料的有机复合肥厂，以此根治景区的环境污染问题。

消灭了大量垃圾造成的污染，从某种程度上来说，就是保护了树木、保护了土地、保护了水源。此外，还应协调上游各水库统一调水，即上游小旅游服从下游黄果树大旅游的需要，保证黄果树瀑布水长流。

第三，加大植树造林的力度。

森林覆盖率过低对涵养水源提出了巨大的挑战，大量雨水的流失，对瀑布的形成会起到一定程度的影响。

为了提高岩溶地貌造林的成活率，促进速生丰产，针对岩溶地貌上层干旱、保水性能差等客观条件，采用爆破挖大坑、聚土造林植树等方法，恢复流域内的森林植被。

面对挑战，当地有关部门制定出了植树造林的发展规划。在众多的规划项目中，黄果树风景名胜区自然生态环境保护与重建及治理项目为重中之重，工程实施的重点是黄果树景区及其周边地区的石山、半石山和农耕地整治，最大限度地增加景区的森林面积。有关部门应跟踪规划的具体实施情况，根据具体情况，加大植树造林的力度，因为种植一定规模的树木才能起到涵养水分的作用。必要的话，应采纳专家们建议的在上游地区实施大范围的退耕还林和封山育林，扭转瀑布水量逐年减少的趋势。

第四，实行农业产业结构调整与景区生态恢复相结合。

实行农业产业结构调整与景区生态恢复相结合是保证黄果树瀑布水流量的重要手段。恢复冬季小麦、油菜、荞麦等作物的种植面积，进一步扩大生姜、蚕豆、地萝卜、反季节蔬菜的种植面积。保护耕地在秋冬季增绿，可起到"雨季保水，旱季渗水"的效应。

第五，帮助人们树立保护自然、爱护环境的意识。

除了国家出台的相应政策、实施的具体措施外，当地居民和游人的行为也会对黄果树景区产生很大的影响。这就要求相关部门进行积极有效的宣传，帮助人们树立保护自然、爱护环境的意识。当地人尽量做到不乱砍滥伐、不过度开垦，垃圾及时处理；游人尽量做到文明旅游、绿色旅游，不乱扔垃圾，不破坏景区的设施，不污染水源，尽可能地做到爱护景区的一草一木，一山一水。

尽管已经采取了植树造林的措施，但是小树苗不可能一种下去就可以涵养水源了，小树苗在贫瘠的薄土上缓慢成长需要相当长的一段时间，在此期间，人们对现有树木的爱护是极为重要的。

第六，管理到位，责任明确。

据了解，由于黄果树景区地处两县，管理体制长期难以健全。有利可图时，两县便大力争抢；出了问题时，两县便相互推诿。甚至一些农民在大瀑布顶上的岸边修建了许多严重影响景观的违章建筑也无人过问。混乱的管理，过量的建筑，日渐恶化的生态环境，成为黄果树瀑布面临断流的尴尬的症结所在。

所以，相关部门应尽快划分责权、明晰责任，尽快将黄果树景区混乱的局面稳定下来，真正为黄果树瀑布的长远发展做出一份贡献。

黄果树瀑布，是大自然赐予人类的礼物。景观的雄奇伟岸、斑斓锦绣是不需要人工进行雕琢的，它需要的是保护，是精心的呵护。让我们携起手来，从实际的行动入手，让瀑布奔流不息。

# 第八章　亲临洞庭湖

　　湖泊是陆地表面上充满水体的洼地。把地球上所有的湖泊加在一起，大约有250万平方千米，占全球陆地总面积的2%左右。湖泊有调节气候、调节河流流量、航运、灌溉、发电以及水产养殖等作用，是重要的自然景观和生态系统之一。湖泊不仅使我们的星球更加璀璨，还是人类生息繁衍的良好环境。

　　中国的湖泊众多，历来有五湖四海之称，其中的"五湖"指的是洞庭湖、鄱阳湖、太湖、洪泽湖、巢湖。而洞庭湖则以其庞大的气魄、悠久的历史和丰富的人文底蕴，成为千百年来无数骚人墨客竞相驻足的地方。让我们随着先贤的歌咏，一起来感受湖泊的梦幻吧！

# 第一节　游览指南

## 景区概况

　　洞庭湖位于湖南省岳阳市境内，介于北纬28°30′～30°20′，东经110°40′～113°10′。由东洞庭湖、南洞庭湖、西洞庭湖和大通湖组成。

　　关于洞庭湖的名称来历，有许多的说法。

　　在《史记》《周礼》《尔雅》等古书上都有"云梦"的记载。梦，是当时楚国方言"湖泽"的意思，与"漭"字相通。"春秋昭元年，楚子与郑伯田于江南之梦。"又云："定四年楚子涉濉济江，入于云中。"

　　《汉阳志》说："云在江之北，梦在江之南。"合起来统称云梦。当时的云梦泽面积曾达4万平方千米，《地理今释》载："东抵蕲州，西抵枝江，京

洞庭湖

山以南，青草以北，皆古之云梦。"

司马相如的《子虚赋》说："云梦者方八九百里。"

到了战国后期，由于泥沙的沉积，云梦泽分为南北两部，长江以北成为沼泽地带，长江以南还保持一片浩瀚的大湖。自此不再叫云梦，而将这片大湖称之为洞庭湖，因为湖中有一著名的君山，原名洞庭山。

《湘妃庙记略》称："洞庭盖神仙洞府之一也，以其为洞庭之庭，故曰洞庭。后世以其汪洋一片，洪水滔天，无得而称，遂指洞庭之山以名湖曰洞庭湖。"这就是洞庭湖名称的由来。

湖的南边是湖南省，北边是湖北省。洪水期间的湖泊，汪洋似海。其南有湘江、资水、沅水、澧水四水汇入，北有松滋、太平、藕池、调弦四口与长江相通，湖水最后在岳阳城陵矶注入长江。它犹如一个天然的大水库，容纳四水，吞吐长江，调节洪水，控楚带吴。

洞庭湖是燕山运动断陷所形成，第四纪至今，均处于振荡式的负向运动中，形成外围高、中部低平的碟形盆地。盆缘有桃花山、太阳山、太浮山等500米左右的岛状山地突起，环湖丘陵海拔在250米以下，滨湖岗地低于120米者为侵蚀阶地，低于60米者为基座和堆积阶地；中部由湖积、河湖冲积、河口三角洲和外湖组成的堆积平原，大多在25～45米，呈现水网平原景观。

洞庭湖东、南、西三面皆环山，北部是敞口的马蹄形盆地，西北高，东南低。湖面海拔平均33.5米，其中西洞庭湖35～36米，南洞庭湖34～35米，东洞庭湖33～34米，平均水深6～7米，最深处30.8米，湖水蓄量178亿立方米。底质多泥或淤泥型。

洞庭湖处在中亚热带过渡地带，温暖湿润，春夏冷暖气流交替频繁，夏秋晴热少雨，秋寒偏早。年平均气温为16.5摄氏度到17摄氏度，降水量1200毫米左右，无霜期约270天，最佳旅游季节是4月到11月，若是为了看鸟，则以二三月为宜。

## 主要景点

对于洞庭湖的美景，古人早有总结，清代《洞庭湖志》所载"潇湘八景"中的"洞庭秋月"、"远浦归帆"、"平沙落雁"、"渔村夕照"、"江天暮雪"以及"日影"、"月影"、"云影"、"雪影"、"山影"、"塔影"、"帆影"、"渔影"、"鸥影"、"雁影"等洞庭湖"十影"，如今仍能观赏到。

洞庭湖风景优美，名胜古迹甚多，主要游览区有岳阳楼、君山、二妃墓、杨幺寨、铁经幢、屈子祠、跃龙塔、文庙、龙州书院、莲湖等。

### 岳阳楼

位于岳阳古城西隅，东倚巴陵山，西临洞庭湖，北枕万里长江，南望三湘四水，气势豪壮不凡。它与武昌的黄鹤楼、南昌的滕王阁并称为"江南三大名楼"，自古有"洞庭天下水，岳阳天下楼"；"襟带三千里，尽在岳阳楼"的盛誉，是全国重点文物保护单位，迄今已有1700余年的历史。

早在三国时期，此处便为吴将鲁肃的阅兵台，后演变为瞭望敌兵的谯楼。据《三国志》载，鲁肃受孙权之命率万人屯驻巴丘（今岳阳），在进出洞庭湖的咽喉之地巴丘山下，临湖的西门城墙上建起了训练和检阅水军的阅军楼，此阅军楼即为岳阳楼的前身。

唐开元四年（716年），中书令张说谪守丘州，便将西门城楼扩建为楼阁，初名"南楼"，后来改名"岳阳楼"。

北宋庆历四年（1044年），滕子京谪守巴陵（岳阳），曾重修岳阳楼，并致书当时有名的政治家、文学家范仲淹，请他作《岳阳楼记》。然后又请诗人、书法家苏舜钦书写，雕刻家邵竦刻字。于是，滕楼、范记、苏书、邵刻，成了岳阳楼的

岳阳楼

"四绝"。

自宋迄今，已过去900多年，现在的岳阳楼是清代同治年间重修的。而苏书邵刻《岳阳楼记》也已代之以清代乾隆年间书法家张照的手笔。

今天的岳阳楼为四柱、三层、飞檐、盔顶的砖木结构建筑。大楼四周挂满了历代名人的题咏，二楼楹柱镌刻着孟浩然、杜甫的名句，而正中十二块紫檀木拼成的雕屏上，张照书的《岳阳楼记》赫然醒目，启迪着游人的神思。除此之外，主楼两侧还有两座辅亭：一是以神话人物吕洞宾三醉岳阳楼而得名的三醉亭；一是仙梅亭，相传因在明末维修岳阳楼时，于地下掘得一块有梅纹的石板而得名。楼的附近还有鲁肃墓、小乔墓、岳阳文庙及慈氏塔等胜迹。

### 君山

原名洞庭山，是洞庭湖上的一个孤岛，后来为了纪念湘君，就把洞庭山改为君山了。岛上有72个大小山峰，与岳阳市区遥遥相对，东距岳阳楼水程15千米。这里每天有渡轮来往，航程大约一小时。游览君山需要用一天时间，早上去，下午返。

东晋王嘉《拾遗记》中列此山为海内八座仙山之一，称"神仙洞庭"。现已辟为公园，为省级重点自然保护区。这里每年都举办盛大的龙舟节、荷花节和水上运动。

### 二妃墓

又名湘妃墓。位于君山东侧。相传4000年前，舜帝南巡崩于苍梧（九嶷山）之野，他的两个妃子娥皇、女英追之不及，扶竹痛哭，眼泪滴在竹上，变成斑竹。后来两妃死于山上，后人建成二妃墓。二妃墓始建于何时，不得而考。现墓为清光绪七年（1881年）九月重修。墓四周遍植苍松翠柏，长满了"泪痕"点点的斑竹。现为省级重点文物保护单位。

二妃墓

**屈子祠**

又称屈原庙。位于汨罗城西北玉笥山顶。始建于汉代，原址无考。清乾隆二十一年（1756 年），将它移建至玉笥山上。占地 7.8 亩。自山脚至祠有石阶 119 阶。祠正门牌楼墙上绘有 13 幅屈原生平业绩和他对理想追求的写照的浮雕。在过道的墙壁上，镶嵌着许多石碑，镌刻着后人凭吊屈原的诗文辞赋。后殿矗立一尊 1980 年重塑的屈原像，神采感人。附近建有独醒亭、骚坛、濯缨桥、桃花洞、寿星台、剪刀池、绣花墩、望爷墩等纪念屈原的古迹，俗称玉笥山"八景"。

今存建筑有正殿、信芳亭、屈子祠碑等。正殿为砖木结构，单层单檐，青砖砌墙，黄琉璃瓦覆顶，风格古朴秀雅，全殿三进，中、后两进间置一过亭，前后左右各设一天井，中有丹池，池中有大花台，植金桂。祠内有树龄在 300 年以上的桂树多株，每逢中秋节，黄、白花盛开，馨香四溢，令人陶醉。

屈子祠

**莲湖**

又名团湖。位于岳阳县广兴洲镇境内，距岳阳市区 20 多千米。原是洞庭湖的一个港汊，经过多年的围垦治理，成为"湖中之湖"。莲湖面积 2 平方千米，盛产莲子，名曰"湘莲"，年产 600 多担，颗粒饱满，肉质鲜嫩，历代被视为莲中珍品。莲湖"观荷赏莲"已列入省级主要特殊旅游项目。

### 🍁 物产饮食 🍁

洞庭湖素称鱼米之乡，湖中的特产有河蚌、黄鳝、洞庭蟹、财鱼等珍贵的河鲜，唐代著名诗人李商隐有《洞庭鱼》一诗："洞庭鱼可拾，不假更垂罾。闹若雨前蚊，多如秋后蝇。"可见鱼之多。如今湖里盛产鲤、鲫、鳙、鲢、鳊、鳜、银鱼、凤尾鱼和虾、蟹、龟、鳖、鳝、鳗、鳅、蚌等百余种水产，这里还生长着珍稀的白鳍豚。洞庭鱼中最大的是鲟鱼，重达二三百公斤；最小而又最名贵的是银鱼。

莲湖盛产驰名中外的湘莲，颗粒饱满，肉质鲜嫩，历代被视为莲中之珍。生食，清甜幽香；煲汤，鲜嫩无比；入药，健脾止泻，益肾固精，清心定神。"冰糖莲子"系湖南著名小吃，向来为人称道。

君山有许多名产奇珍，其中尤以君山茶闻名，有"洞庭茶岛"之称。其中，"君山银针"在唐代时即被定为贡品，君山银针茶在茶树刚冒出一个芽头时采摘，经十几道工序制成。它内呈橙黄色，外裹一层白毫，故得一雅号——金镶玉。冲泡后，开始茶叶全部冲向上面，继而徐徐下沉，最后全部竖立杯底，堆绿叠翠，宛如刀枪林立，酷似嫩笋出土，确为"茶中奇观"。入口清香沁人，齿颊留香。在1956年莱比锡世界博览会上，君山茶获金质奖章，被誉为"金镶玉"。

滨湖盛产稻谷，此外，君山的竹子也很有名，有斑竹、罗汉竹、方竹、实心竹、紫竹、毛竹等。

# 第二节　洞庭天下水，岳阳天下楼

予观夫巴陵胜状，在洞庭一湖。衔远山，吞长江，浩浩汤汤，横无际涯；朝晖夕阴，气象万千。此则岳阳楼之大观也，前人之述备矣。然则北通巫峡，南极潇湘，迁客骚人，多会于此，览物之情，得无异乎？

若夫霪雨霏霏，连月不开；阴风怒号，浊浪排空；日星隐耀，山岳潜形；商旅不行，樯倾楫摧；薄暮冥冥，虎啸猿啼。登斯楼也，则有去国怀乡，忧谗畏讥，满目萧然，感极而悲者矣。

至若春和景明，波澜不惊，上下天光，一碧万顷；沙鸥翔集，锦鳞游泳，岸芷汀兰，郁郁青青。而或长烟一空，皓月千里，浮光跃金，静影沉璧，渔歌互答，此乐何极！登斯楼也，则有心旷神怡，宠辱偕忘，把酒临风，其喜洋洋者矣。

——范仲淹《岳阳楼记》

洞庭湖碧水共天，沧溟空阔，古往今来，对它的记载和描绘数不胜数。早在战国时代，伟大的诗人屈原就在他的诗歌中反复吟咏过美丽的洞庭湖，如《哀郢》中"上洞庭而下江"；《湘君》中"遭吾道兮洞庭"；《湘夫人》中"袅袅兮秋风，洞庭波兮木叶下"。在《湘君》《湘夫人》等诗篇中，屈原根据民间传说，把洞庭湖描绘成神仙出没之所：一对美貌的恋爱之神，乘着轻快如飞的桂舟，吹着娓娓动听的排箫，游弋在秋风袅袅的洞庭碧波之上。湘君以洞庭一带特产的荷花、香芷、杜衡、紫贝、桂树、木兰、辛夷、薜荔，构造一幢芳香四溢的水中宫室，以迎接湘夫人的到来。

"洞庭天下水，岳阳天下楼"，浩荡的气势与悠久的历史内涵，使之成为唐以后诗人墨客的登临胜地，并逐渐形成一种以抒发忧国济世为主要传统的特殊的意蕴。除了范仲淹那著名的《岳阳楼记》，历史上还有许多关于洞庭湖及岳阳楼的诗词佳作。下面我们就从其中为大家选取一些比较优美的作品。

### 洞庭湖

#### 宋之问

地尽天水合，朝及洞庭湖。

初日当中涌，莫辨东西隅。

晶耀目何在，滢荧心欲无。

灵光晏海若，游气耿天吴。

张乐轩皇至，征苗夏禹徂。

楚臣悲落叶，尧女泣苍梧。

野积九江润，山通五岳图。

风恬鱼自跃，云夕雁相呼。

独此临泛漾，浩将人代殊。

永言洗氛浊，卒岁为清娱。

要使功成退，徒劳越大夫。

### 游洞庭湖

张说

平湖晓望分，仙峤气氛氲。

鼓枻乘清渚，寻峰弄白云。

江寒天一色，日静水重纹。

树坐参猿啸，沙行入鹭群。

缘源斑筱密，冒径绿萝纷。

洞穴传虚应，枫林觉自熏。

双童有灵药，愿取献明君。

### 望洞庭湖赠张丞相

孟浩然

八月湖水平，涵虚混太清。

气蒸云梦泽，波撼岳阳城。

欲济无舟楫，端居耻圣明。

坐观垂钓者，徒有羡鱼情。

### 陪族叔刑部侍郎晔及中书贾舍人至游洞庭

李白

洞庭西望楚江分，水尽南天不见云。

日落长沙秋色远，不知何处吊湘君。

### 登岳阳楼

杜甫

昔闻洞庭水，今上岳阳楼。

吴楚东南坼，乾坤日夜浮。

亲朋无一字，老病有孤舟。

戎马关山北，凭轩涕泗流。

## 登岳阳楼

### 韩愈

洞庭九州间，厥大谁与让？

南汇群崖水，北注何奔放。

## 望洞庭

### 刘禹锡

湖光秋月两相和，潭面无风镜未磨。

遥望洞庭山水色，白银盘里一青螺。

## 洞庭湖

### 元稹

人生除泛海，便到洞庭波。

驾浪沉西日，吞空接曙河。

虞巡竟安在，轩乐讵曾过。

唯有君山下，狂风万古多。

## 过洞庭湖

### 裴说

浪高风力大，挂席亦言迟。

及到堪忧处，争如未济时。

鱼龙侵莫测，雷雨动须疑。

此际情无赖，何门寄所思。

## 登岳阳楼（其一）

### 陈与义

洞庭之东江水西，帘旌不动夕阳迟。

登临吴蜀横分地，徙倚湖山欲暮时。

万里来游还望远，三年多难更凭危。

白头吊古风霜里，老木沧波无限悲。

念奴娇·过洞庭

张孝祥

洞庭青草，近中秋，更无一点风色。玉界琼田三万顷，著我扁舟一叶。素月分辉，银河共影，表里俱澄澈。怡然心会，妙处难与君说。

应念岭海经年，孤光自照，肝胆皆冰雪。短发萧疏襟袖冷，稳泛沧浪空阔。尽挹西江，细斟北斗，万象为宾客。扣舷独啸，不知今夕何夕。

# 第三节　日益恶化的生态环境

历史上的洞庭湖曾是中国第一大淡水湖。"东北属巴陵，西北跨华容、石首、安乡，西连武陵（今常德）、龙阳、沅江，南带益阳而寰湘阴，凡四府一州九邑，横亘八九百里，日月皆出没其中。"到了近代，由于围湖造田以及自然的泥沙淤积等因素，洞庭湖面积由最大时的约 6000 平方千米骤减到 1983 年的 2625 平方千米。

自 20 世纪 50 年代以来，由于围湖开垦、滥捕滥捞等人类活动影响加剧，洞庭湖的生态遭到严重破坏，湖面不断萎缩，调蓄洪水功能退化。20 世纪中后期，洞庭湖被鄱阳湖超越，沦为第二大淡水湖。

2002 年 4 月 4 日，《中国水利报》在第 4 版刊登了《长沙洞庭湖主要生态环境问题报告》，全文如下：

## 一、洪水调蓄功能减退

洞庭湖由于大量的泥沙淤积，导致湖泊萎缩，调蓄滞洪功能降低。1949 年以来洞庭湖容积相当于三峡工程总库容（235 亿立方米）的 50.6%，调节库容（89 亿立方米）的 1.3 倍，与 1949 年相比，减少 40.6%。与此相应，20 世纪 50 年代多年平均削减洪峰流量值达 13246 $m^3/S$，占入湖洪峰流量的 27.7%；20 世纪 80 年代以来进一步下降至 5660 $m^3/S$，占入湖洪峰流量的 15.6%，削减调蓄能力仅相当于 20 世纪 50 年代的 50%。

## 二、生态破坏与污染仍然存在

——20 世纪 50 ~ 70 年代曾大量围湖造田，累计围垦面积约 1933 平方千米，导致湖泊面积萎缩，生态失调。

——乱捕滥猎猖狂，有的结成团伙，配备先进设备，使用火力威猛的大抬铳。湖里"迷魂阵"遍布，电捕船横冲直撞。

——造纸行业是洞庭湖区主要污染行业，年排放的工业废水、COD、BOD5 占湖区年排放总量的 49.6%、81.7%、79.13%。大量的小造纸厂基本上没有进行污染治理，继续向湖区周围排放污染物，严重影响水体环境质量。

——农业面源污染和生活污染比较严重。农药、化肥仍在大量施用，畜禽养殖污染面广量多。生活污染是污染主要因素，排放的污染物占湖区总量的 40% ~ 50%。

## 三、富营养化日趋突出

——洞庭湖外湖的富营养化在湖泊过水能力很强的情况下，仍由 10 年前中贫营养状况发展到了现在的中富营养状况。

——内湖由于水体交换慢，各种营养物质来源广，富营养化比较普遍。加上人工水产养殖发展迅速，加速了湖泊的富营养化进程，大通湖就是如此。

## 四、生物多样性下降

——1916 年首先在洞庭湖发现的白鳍豚，由于泥沙淤积，君山与下飘尾之间水位变浅，使其活动受到限制，现已难觅踪迹。

——银鱼是洞庭湖的名贵鱼类，1928 年产量达到 90 吨，现不足 2 吨。

——胭脂鱼、鳗鱼等重要保护物种越来越罕见。

——斑嘴鹈鹕、大天鹅等 20 世纪 50 年代常见的鸟类，近年考察中很少发现。

——蛇类等被大量捕杀，导致东方田鼠等有害物种泛滥成灾。

——局部区域由于污染的缘故，水生生物几乎绝迹，如20世纪90年代沅江的塞南湖、汉寿的蒋家嘴等水域。

## 五、血吸虫病疫情回升

洞庭湖区现有流行区人口336万，血吸虫病人22.4万，病畜近5万头，有螺面积3915万公顷，占全国现有钉螺分布面积的52%。且泥沙淤积，洲土不断扩大，每年有螺分布面积还以60万公顷至90万公顷的速度增长。

从上述报告可以看出，洞庭湖的生态环境，正在逐渐走向恶化。

### 你知道吗？

### 湖泊与水库的六大问题

1. 泥沙淤积。湖泊、水库上游的人类活动和自然的变化，如农业活动引起的土壤表面侵蚀，亚、非、中南美洲地区人口增加导致的森林破坏，原为牧场的农耕地荒废之后出现的土壤侵蚀等，使河流挟带大量泥沙注入湖泊和水库。

2. 来水量减少，水位下降。由于人为原因水位下降的典型例子如咸海。咸海的来水量主要由阿姆河和锡尔河的径流组成，但这两条河流在其上游大规模地开垦棉田和水田之后，还没到咸海便消失在沙漠之中。如今咸海水面已下降13m，海岸线后退100km，含盐量增加，引起严重的生态灾害。由于气候变化引起水位下降的典型例子如北非的乍得湖。乍得湖的集水区近年来降水量减少，加上农业活动的扩大，使得来水量骤减。

3. 有毒物质及农药污染。化学物质、农药等污染湖水、库水的现象越来越频繁。1986年5月，美国密执安湖的马其诺岛上召开的第二次世界湖泊环境保护和管理会议把"有毒物质污染——威胁世界大湖泊水质的重要问题"作为主要议题。北美五大湖的多氯联苯、农药及镉污染使鱼类、贝类中毒，从而使捕食这些鱼、贝的鸟类致畸。

4. 富营养化。湖泊、水库富营养化在自然条件下极为缓慢，但由于生活污水、工业废水、农牧业排水和雨水径流等携带的营养物质（氮、磷）流入湖泊、水库，富营养化过程便大大加速。光合浮游生物繁殖异常迅速，尤其是蓝藻类的繁殖产生水华。

5. 酸化。北欧和北美等地酸雨长年不断，导致湖水酸化。瑞典近4000个大小湖泊，其pH值下降到0.5以下，结果湖中生物大量死亡。近来投放石灰之后，pH值有所上升。在日本，高山地区的湖泊和水库由于周围没有森林，挡不住酸雨的袭击而发生酸化现象。

6. 生态系统的变化、破坏。上述5种环境变化，或单独、或组合起来引起生态的变化和破坏。至今规模最大的湖泊生态破坏发生在咸海。日本琵琶湖的富营养化正在引起湖泊生态系统的变化。

从20世纪90年代末起，在大型造纸企业林纸一体化的推动下，洞庭湖地区一些县市兴起了一股种杨热，整个湖区杨树种植面积扩张了数万亩，就连国家级自然保护区也未能幸免。

仅2005年，沅江市就计划新种植杨树30万亩，地处西洞庭的常德市也将杨树发展列入全市"五个一百万亩"的产业结构调整规划之内，全市杨树种植面积突破150万亩。

2006年，洞庭湖区遭遇了严重干旱，洞庭湖提前进入枯水期，枯水使得湖滩种杨树风更加难以遏制。

据专家介绍，愈演愈烈的种杨热隐藏着极大的生态风险，在种植杨树的湖滩，芦苇不能生长，硕大的杨树冠下连草都不能生存。开深沟种杨，抬高了湖床，越冬水鸟的栖息地将完全丧失。

洞庭湖环湖区工业企业近600家，年排工业废水2.76亿吨，城镇生活污水排入2.62亿吨，化肥、农药年施用量达到187.3万吨和1.7万吨。污染物造成湖内生态环境的破坏和洞庭湖局部水域水质恶化，湖泊富营养化严重。

2007年6月下旬，湖南

造纸厂排出的污水污染南洞庭湖

洞庭湖区发生严重鼠患，400 多万亩湖洲中的约 20 亿只东方田鼠，随着上游泄洪而来的水位上涨部分内迁。它们四处打洞，啃食庄稼，严重威胁湖南省岳阳县、沅江市、益阳市大通湖区等 22 个县市区沿湖防洪大堤和近 800 万亩稻田。其中岳阳县鹿角镇受灾尤为严重，早稻、红薯、花生、玉米等农作物，甚至包括湖岸的意杨树皮都被啃食，被老鼠咬断的稻梗如刀割般整齐。据了解，受损的水稻有 8000 亩，绝收的有 5000 亩，花生受损的有 10000 多亩，红薯、玉米各有 1000 多亩。据当地村民介绍，本次鼠患是近 10 年来最严重的一次，据粗略统计，从 6 月 21 日 ~24 日，灾区共捕杀 90 多吨老鼠，约 225 万只。

所有这一切，都为洞庭湖的生态环境保护敲响了警钟。

# 第四节　保护湿地，拯救洞庭湖

造成当今洞庭湖地区日益严重的环境问题的原因多种多样，其中湿地遭到破坏是一个重要原因。

洞庭湖地区出现的罕见鼠患，从表面上看，其原因是由于田鼠的天敌被人类捕杀造成的，例如猫头鹰和野生蛇的数量急剧减少等等。但是，根本原因却在于湿地环境的破坏。

由于洞庭湖湿地环境破坏，水域面积急剧减少，从而形成了有利于田鼠生活的环境，导致了田鼠的大量繁殖。而当雨季来临，上游泄洪导致洞庭湖水位上升，淹没原来裸露的土地时，田鼠被迫四处逃亡游窜并祸害所经之处，形成鼠患。

同时，人类人为捕杀某些动物，也加剧了生态平衡的破坏。湿地破坏严重威胁到生物多样性，生物多样性的破坏必将威胁人类的生存环境。

从 20 世纪 40 年代末期到现在，洞庭湖水面缩小 40%，蓄水量减少 34%，近年来湖泊调蓄功能下降，洪涝灾害加剧。由于这些湿地许多位于重要的工农业生产区，湿地范围内人口密集，对湿地环境造成了巨大的压力。由于工农业生产和人类生活用水，这些湿地的水环境更是面临着严重的污染、侵占和破坏，造成了湿地水资源的枯竭和湿地环境的退化。

加强洞庭湖湿地地区的生态环境保护，已经刻不容缓。

湿地保护，最重要的是保护湿地水环境。

湿地水环境即湿地的水质、水量状况，保护湿地的目的是为了使湿地能够长期稳定并最大限度地发挥其经济、环境和社会效益，实现湿地生态的可持续发展。从国际湿地公约的名称看，其最初的主旨在于保护以水禽为代表的地球生物多样性。而没有充足的水源和适宜的水环境，湿地就会退化和萎缩，在其中生活的水禽和其他生物也就失去了生存基础。

近年来，湿地国际组织在保护湿地的国际活动中把湿地水环境的保护提到了重要位置。2003 年的世界湿地日主题甚至提出"没有湿地就没有水"的号召，足见湿地水环境保护的重要性和迫切性。湿地存在的最重要条件是必须有比较充足的水，在今天加强湿地保护与管理成为人们的共识之际，必须

西洞庭湖国家城市湿地公园

对湿地水环境进行有效的管理，以确保合理利用湿地水资源，为湿地的健康和可持续发展奠定基础。

## 首先，要通过立法来保护湿地。

湿地保护需要行之有效的法律。在国际上通行的做法是建立全流域和湖泊范围的综合治理委员会，统一协调管理。洞庭湖的湿地保护也是如此，以法律作为约束，使政府的管理逐渐趋向合理化。

进入新世纪以来，中国的湿地保护工作进一步得到加强，国家制定了一系列的湿地保护政策。2000 年，国家 17 个有关部门共同制定了《中国湿地保护行动计划》；2003 年，国务院原则同意了《全国湿地保护工程规划》；2004年，国务院办公厅发出了《关于加强湿地保护管理工作的通知》；2005 年，

国务院又批准了《全国湿地保护工程实施规划》，这些政策的出台标志着中国正在逐步全面地推进湿地保护。在国家的推动下，一些地方政府也制定了当地的湿地保护条例，对各地的湿地保护起到了促进作用。

鉴于洞庭湖湖泊湿地保护的特殊重要性，建议就洞庭湖湿地的保护和管理单独进行立法，以实现对洞庭湖湿地保护、恢复与管理成果的巩固和维系。

### 其次，建立统一的管理机构，进一步完善湿地水环境保护管理体制。

洞庭湖分属东、南、西三块，又属岳阳、益阳、常德三个行政市管辖。由于各部门对湿地的保护、开发利用和管理方面的责任、权力、义务不明确，在实际中各行其是，各取所需，相互之间出现众多矛盾，从而影响了湿地的科学保护和合理利用。

权限的割裂不仅造成了洞庭湖管理难以到位，更吸引了越来越多的利益主体争相掠夺洞庭湖资源。湖区的危机表明，建立统一协调的管理机构势在必行。

### 再次，大力鼓励社会参与。

湿地保护不仅需要政府有关职能部门的管理和政策指导，而且需要科研、教育以及各类社会团体的广泛参与。在中国湿地水环境保护方面，应该大力发扬社会组织的作用，同时，还要充分利用报刊、广播、电视等媒体，对普通公民进行宣传教育，使每一个公民都懂得湿地的重要性，从而增强公众保护湿地的自觉性。政府各有关部门和社会团体以及普通公民应该团结合作，建立有利于调动各方面积极性的湿地保护工作机制，形成政府主导、社会参与，以及两者互相支持、紧密合作的良性关系，通过政府和社会的共同努力，实现湿地保护的目标和任务。

长期以来，在发展经济的同时，人们蔑视自然，信奉人定胜天，将环境成本计算为零，甚至为了发展，还要"适当"破坏一下自然。如今，大大小小的"破坏"，在不同的区域、不同的时段，酿成了各种生态灾难。

人类文明史告诉我们，自然地理环境将决定人类文明的兴衰。生态演变与人类文明的关系为："顺生态规律者昌，逆生态规律者亡！"这是古今中外人类文明发展的一条定律。古埃及、古巴比伦、中美洲玛雅文明等古文明之所以失去昔日的光辉，或者消失在历史的进程中，其根本原因是破坏了人类赖以生存的基础——生态系统。

生态文明是一切文明的基础。曾经的洞庭湖，激荡着李太白的"且就洞庭赊月色，将船买酒白云边"和"巴陵无限酒，醉杀洞庭秋"；回旋着白居易的"愁见滩头夜泊处，风翻暗浪打船声"；长吟着姜白石的"洞庭八百里，玉盘盛水银"。那磅礴的气势、那浩大的胸襟以及长歌当哭的忧思令我们倾慕不已。

最后，再强调一次：保护洞庭湖的生态环境，维护洞庭湖的生态平衡，刻不容缓！

# 第九章  驶向西沙群岛

我国海岸线曲折绵长，海岛众多，旅游资源非常丰富。随着人们生活水平的不断提高，海上旅游设施和项目也逐渐增多。人们到海岛旅游的梦想变成了现实，人类与海洋的亲密接触也越来越容易。

2005年10月，《中国国家地理》杂志与全国34家媒体共同举办了"中国最美的地方"评选活动，对中国自然和人文景观进行了一次规模宏大的选美，十大最美海岛的评选就是其中一项。最终，西沙群岛以其独特的热带风光，赢得了最美十大海岛中的第一名。

## 第一节  游览指南

### 景区概况

在距海南岛310千米的东南海面上，有一片岛屿像朵朵星莲，颗颗珍珠浮于万顷碧波之中，那就是令人向往而又充满神秘色彩的西沙群岛。

西沙群岛珊瑚礁林立，有8座环礁，1座台礁，1座暗滩，干出礁礁体面积共有1836.4平方千米，其中礁坪面积221.6平方千米，礁湖面积1614.8平方千米。环礁和台礁上发育的灰沙岛共有28座，此外东岛环礁还有1座名叫高尖石的早更新世火山角砾岩岛屿。

西沙群岛在中国南海诸岛中拥有岛屿最多，岛屿面积最大（永兴岛），海拔最高（石岛），为唯一胶结成岩的岩石岛（石岛为晚更新世沙丘岩）和唯一非生物成因岛屿（高尖石），且陆地总面积最大（8平方千米多）。

去西沙最佳时间是每年10月至次年8月，而6月至9月会刮台风和下大

西沙群岛

雨，海上波浪很大，船舶的行驶会受到很大影响，不适于旅游。

## 🌸 主要景点 ❀

　　西沙群岛大致以东经112°为界，分为东、西两群，西群为永乐群岛，东群为宣德群岛。西群的永乐群岛包括北礁、永乐环礁、玉琢礁、华光礁、盘石屿等5座环礁和中建岛台礁，其中永环礁上有金银岛、筐仔沙洲、甘泉岛、珊瑚岛、全富岛、鸭公岛、银屿、银屿仔、咸舍屿、石屿、晋卿岛、琛航岛和广金岛等13个小岛，盘石屿环礁和中建岛台礁的礁坪上各有1座小岛。东群的宣德群岛包括宣德环礁、东岛环礁、浪花礁等3座环礁和1座暗礁（篙煮滩），其中宣德环礁有西沙洲、赵述岛、北岛、中岛、南岛、北沙洲、中沙洲、南沙洲、东新沙洲、西新沙洲、永兴岛和石岛等12个小岛，东岛环礁有东岛和高尖石2个小岛。

　　宣德群岛中的宣德环礁和东岛环礁发育不完整，只有少部分礁坪。在西沙礁坪发育较完整的环礁中，永乐环礁是面积最大的一个，且岛屿众多，礁湖内有大片浅水区域，渔业资源丰富，是西沙重要的渔业基地和渔民居住地。

　　*永兴岛*

　　永兴岛地处西沙群岛中部，是典型的热带风光，椰树成行，风光旖旎。由于位置优越，现为西南中沙群岛工委、办事处岛上办公所在地，每月"琼沙3号"补给船到达永兴岛的时候，全岛人都会去码头卸鸡、鸭、猪、蔬菜、邮件等物资，可以说岛上像过节一样，人们都很高兴。岛上的中心在北京路，这里建有银行、医院、粮站、邮局、小超市、水产、中国移动公司等办公楼。人行道旁是整齐的椰树，树下有碧绿的草坪，环境相当整洁。

永兴岛

北京路上有我国最南端的邮局，那里盖的邮戳非常珍贵。最好在去永兴岛的船上就写好几封信，一到永兴岛就去邮局寄，这样第二天补给船会带走信，如果错过这趟船，就要再等一个月才能被寄走了。这种信的纪念意义不言而喻。

涠洲岛

岛上建有大型机场一座和两座 5000 吨级泊位的码头，建有渔业补给基地。西北距榆林港 337 千米，到清澜港 344 千米，是连接海南岛到西南中沙群岛的主要航道。

石岛位于永兴岛东北约1000米处，与永兴岛同处在一个礁盘上，其间有一石砌通道，低潮时可行驶汽车。石岛岛形不规则，因树木稀少、岩石裸露而得名。岛四周海蚀现象保存清晰，岩溶地貌明显，地面起伏。岛上岩石陡峻，奇石嵯峨，岩洞千姿百态，美景如画。尤其"鹰嘴崖"、"虎头岩"峭壁突起，直指苍穹，崖下惊涛拍岸，白浪滔天，异常壮观，是游人留影、驻足的好去处。石岛面积不大，仅0.08平方千米，但海拔15.9米，为南海诸岛中个头最高的，也是游客欣赏海上风光的瞭望台。夜幕降临，月光如洗，游人还可到崖边观赏海底鹅卵石和游动其间的鱼，斑纹美丽的贝壳、海螺、海洋小动物躯壳等千奇百怪、异彩纷呈。海水清澈，海底生物历历在目，令游人爱不释手。

### 赵述岛

位于永兴岛的西南方，两岛相距15千米，是七连屿中的一个岛，呈琵琶形，东、北、南三面有海滩岩；岛上遍布草海桐等植物，绿树葱葱。西部有灯塔、瓦房和蓄水池。1935年公布名称为"树岛"。1947年和1983年公布名称时改为"赵述岛"，是纪念明太祖遣使者赵述至三佛齐国而命名。我国海南渔民通称为"船暗岛"或"船晚岛"，意即天黑了船只可来此岛避风。岛上热带自然风光独具一格，这里的海水晶莹透明，沙滩绵白细洁，比澳大利亚黄金海岸的沙滩还要洁白。这里的海水是如此的清澈幽蓝，以致整个海面看起来就像一块巨大的深蓝色的绸缎在舒展运动，置身在这蓝蓝的浓色中间，陶醉的感受不禁油然而生。

在水中还可以看到一簇簇的珊瑚像盛开的鲜花一样美丽，有金黄色的鹿角珊瑚、雪白的葵花珊瑚和鲜艳的红珊瑚。五光十色的鱼儿成群结队地游来游去，景象很奇异。在小岛上观看日落非常好，晚霞映满天

南沙群岛

空，大海一片苍茫，归巢的鸟儿从夕阳边飞过，波涛拍打着崖岸，这种意境令人沉醉。

赵述岛的迷人风光

东岛

东岛位于西沙群岛东侧，距永兴岛44千米，由上升的礁岩和珊瑚、贝壳、沙体复合组成，是西沙群岛第二大岛。平均海拔4~5米。岛上不同群落、不同生态的植物种类繁多，森林茂密，有连片的抗风桐、海岸桐树林，有花坛状的银毛树灌木丛、马齿苋等草本植物和水芫花岩生植被，植被密度达70%以上，有"海上林海"

东岛风光

之誉。林中栖息着十几万只海鸟，其中以白腹红脚鲣鸟最珍贵，被列为国家珍稀保护动物，设立了海鸟自然保护区。这里还有以野草和抗风桐叶为食物的野黄牛数十头，与鲣鸟一道受到保护。登上东岛，可以观赏到大群海鸟早出晚归时那遮天蔽日、蔚为奇观的特殊景象和白鲣鸟群栖树上像一簇簇盛开的腊梅花似的迷人场面。海鸟不畏人，任游人与其合影，共享"海鸟天堂"的乐趣。东岛又有"地名化石"之称，岛名的变迁颇有历史特色。清末李准巡海时，以粤督张人骏之籍贯命名为"丰润岛"；1935年公布名称为"林康岛"；1947年为纪念16世纪末在菲律宾反抗西班牙殖民者的起义领导人潘和五而改名为"和五岛"。1983年我国正式公布标准地名时改为"东岛"。

澎湖列岛

中建岛

中建岛是西沙群岛的第三大岛，距永兴岛139千米，面积1.2平方千米，四周礁盘宽广，边缘为礁脊环绕，中部为浅水内礁坪，覆盖洁白的珊瑚沙，人工造林繁茂，盛产海龟、海螺、海鸟，故有"螺岛"和"海龟摇篮"美称。

中建岛的岛名为纪念抗日战争胜利后我国政府派"中建号"军舰接收西沙群岛而起的。岛近岸海域有美国的商船一艘，已有几十年历史，岛上还有炮楼一座。中建岛原为荒岛，被称为"南海戈壁"。20世纪80年代，驻岛解放军部队从海南岛运来土壤和树苗，大力植树造林，把它变成了"南海绿洲"。因此，想来南中国海看红色基地生态景观，读西沙的历史，接受思想教育，西沙群岛是首选。

南麂岛

**中建岛荒岛变绿洲**

银屿

银屿位于一座新月形礁盘上，岛上覆盖珊瑚沙，中部如浅碟状，常年有海鸥群集，有黑枕鸥、凤头燕鸥、乌燕鸥等鸟类，素有"海鸥王国"之称。

**庙岛列岛**

除此以外，还有"海鸟乐园"北岛，"海龟乐园"中岛、南岛，"珊瑚花园"羚羊礁和具有特殊地貌和生态的北沙洲、中沙洲、南沙洲、西新沙洲、三峙仔、全富岛、鸭公岛等10余座海岛，自然风光也极具生态旅游开发价值。可开发的项目还有冲浪、赛艇、海泳、沐浴、滑沙、海上娱乐等等；旅游方式有游览观光、考察探险和海水浴、日光浴、空气浴等类型。

银　屿

琛航岛

　　琛航岛是纪念清末到此的"琛航舰"而得名。它也是中部凹陷，四周沙堤包绕的岛屿，呈弯曲三角形，面积约 0.43 平方千米。岛中部平坦，四周砾堤包绕着的浅湖有两个，岛中部挖有水井，但不能饮用。目前浅湖已填平，但是部分仍有积水，夏天为蚊虫滋生场所，湖区鸟粪层厚，松软易陷。因为包绕泻湖的堤围是由珊瑚砾所成，透水性强，故涨潮时，海水可渗入浅湖中，使湖水变咸。今天湖边砾堤仍然低矮，高度才 2 米，特大台风即可掀起巨浪，

琛航岛上建有革命烈士陵园

打开砾堤，形成缺口。岛西北角和东北角曾有渔民建立小石庙 2 座，今已拆去。但由西北小庙中供奉的明龙泉窑观音像，可知明代已有渔民来此捕鱼。

普陀山岛

岛中部的两个浅湖，在西的较大，呈圆形，直径约 200 多米，在东的较小，呈长形，长约 80 米，二者为一低沙堤所分隔。环岛沙堤以东南方为最高大，共有 3 到 8 条，且由沙堤渐变为砾堤，条数较多，但短而时断时续。沙堤上的植被以羊角树群为主，茂密难以穿越，低地井边有渔民种下的椰子树一株，高 20 米。羊角林中有藤本植物攀援其上，如海滨牵牛花等。

珊瑚岛

珊瑚岛因珊瑚多而得名，岛形略方，近椭圆，面积 0.31 平方千米。清宣统元年（1909 年）李准巡海时发现此岛珊瑚极多，命名珊瑚岛。中国渔民向称老粗岛、老粗峙。位于南海珊瑚岛西南 2 海里，是目前我国最南端的省级文物保护遗址。

珊瑚岛四周沙滩上灌木发育，鸟粪层也多，为永乐群岛最丰磷矿岛之一。鸟粪层的存在表示昔日这里林木众多。岛上还有人工种植的木麻黄、椰树等，中部有水井一口，在椰树旁，水甘清可饮，而西部井水受鸟粪污染，有臭味，不能饮用。

珊瑚岛早为我国人民所开发，今天在岛上各处均有清代

大嵛山岛

瓷器发现，且多日常用器，如青釉瓷碗、杯等。建筑物有小庙一间，在岛西南端，为1934年珠海潭门渔民们建立，内有石神像一具。该岛由于地理位置良好，又有井水，故每为外人觊觎，1938年为法国人占领，其后，又被日本攻占。1947年1月，法国海军部队又在本岛登陆，经我方抗议才撤走。1956年4月，越南又占领该岛，直到1974年1月，我国才夺回该岛。

目前岛上有气象台、航道码头等。本岛的地理位置、水道和井泉均为全永乐群岛最好的，水域水产也很丰富。珊瑚岛至少有三十名解放军官兵驻守。

甘泉岛

甘泉岛，面积仅0.3平方千米，南北长800米，东西宽460米，高8米，呈

珊瑚岛风光

椭圆形，我国渔民称"圆峙"、"圆岛"，因岛上有甘泉井水而著名。

1909年，广东水师提督李准巡海时发现此岛中部低地有淡水井两口，其泉水甘甜可饮用，即称"已得淡水，食之甚甘，掘地不过丈余耳，余尝之，果甚甘美，即以名甘泉岛，勒石竖桅，挂旗为纪念焉"，因此命名"甘泉岛"。

1974年3月和1975年的两次考古调查中，曾先后两次在岛西北端沙堤内侧深一丈处发现了唐、宋两代的居住遗址。考古专家在岛的西北部发现一处我国唐宋时期渔民建造的砖墙小庙1座，珊瑚石垒砌的小庙多达13座；出土了50多件日常生活用的陶瓷器，其中有唐代青釉陶双耳罐、卷沿罐、宋代青白釉瓶、四系小罐、青釉碗、划花大碗、莲花纹大碗、突唇碗、

甘泉岛

林进屿、南碇岛

粉盒等瓷器皿，其质地、款式与花色和先前广州西村窑址出土的相仿。另外还出土了铁刀、铁凿等生产工具，收集到几件唐代炊具铁锅残片、宋代泥质灰褐陶擂钵残片和几枚宋、明代铜币等遗物。由此，考古专家推断：最早利用岛上淡水的是唐代的先民，使用这些器物的主人也是西沙群岛最早的居民，他们或许就是广东内地迁去的移民。

1994 年，甘泉岛唐宋居住遗址被海南省政府确定为第一批省级文物保护单位。1996 年，考古人员在西沙文物普查时，特地在遗址旁立"西沙甘泉岛唐宋遗址"石碑，这是中国在南中国海树立的第一块文物保护碑。

### 金银岛

金银岛长约 1275 米，宽 560 米，四周沙堤比中部要高 2 米，中部洼地形成泻湖，有井数口，水可饮用。沙堤带以东端为广大，且呈尖嘴状向东伸延。金银岛实为一小环礁西面礁盘上的一个沙岛，在岛东南有两个小沙洲，西南有 3 个小沙洲。这个小环礁中部有一浅湖，隔着浅湖，东北面礁盘上还有 4 个沙洲。浅湖并不像羚羊礁那样呈封闭状态，而是有缺在西南面，缺口可入小舟及帆船。低潮时，礁盘水浅，人们可以行走其间。大潮时沙洲每被淹没，因而树木不生，只长耐咸水草。树木只出现在金银岛上，白避霜花与竿海桐丛生，茂密非常，故本岛鸟粪丰富。岛上人工植的海棠树已很高大，树下有水井，井水可供饮用，但味不甘。

金银岛开发历史很早。在岛上发现有元代青釉龙泉窑瓷盘，明代的青花大盘、青白釉盆、青花凤纹盘等，清代的花碗、青花龙纹罐等文物，岛上还有渔民建造的小庙。

### 🌸 物产饮食 🌸

西沙群岛上栖息着鸟类 40 多种，素称"鸟的天堂"。最有趣的是鲣鸟，它会在大海中给渔船导航，于是渔民们称鲣鸟为"导航鸟"。西沙群岛是中国主要热带渔场，那里有珊瑚鱼类和大洋性鱼类四百余种。每到渔汛，海南、湛江一带渔民多来此捕鱼。海产品主要有海龟、海参、珍珠、贝类、鲍鱼、海藻等。

另外，当地的青口螺和油炸海鲤鱼都是上等的美味。

# 第二节　最美不过西沙

西沙群岛拥有热带风情特色的岛屿风光，那造型奇特、陡峭壮观的珊瑚礁林，更是诉说着千万年的风光。一位记者的《西沙群岛，梦中的神秘乐园》，为我们诠释了最美不过西沙的道理。

有一片领土，在古代被称为"千里长沙"，也被称为"海上丝绸之路"，它有着美丽的热带岛屿风景：茂密的乔木林、碧蓝的大海、陡峭壮观的珊瑚礁林，五光十色的海底世界……这么美丽的地方，它是哪里？不用迟疑，它就是美丽的西沙群岛。

西沙群岛位于海南岛东南约 180 海里处，与东沙、中沙、南沙群岛组成中国最南端的疆土，它从东北向西南方向伸展。在长 250 千米、宽约 150 千米的海域里，由 32 座岛屿、8 座环礁、1 座台礁和 1 座独立的暗礁组成。虽然与满族神职人员萨满的乐器"西沙"（汉译"摇铃"或"腰铃"）同名而无关联，岛群却正像一颗颗美丽的摇铃，镶嵌在海南岛东南的海面上。

西沙群岛岛屿，东面为宣德群岛，由北岛、石岛和永兴岛等 7 个岛屿组成；西面是永乐群岛，由金银、中建、珊瑚等 8 个岛屿组成。地处北回归线以南，雨量充沛，岛屿附近海域的水温年变化小……这些优越的自然条件形成了西沙群岛奇特的景观。由于地处国土边境，特殊的地理位置让西沙的旅游资源只能有限制性地开发。只有通过西沙工委以及军方的审核，取得上岛证才有资格登陆，而对外开放的上岛证一年中限额只有一百张，这更加显出能够去西沙探梦的弥足珍贵。

对于久居内陆的人来说，西沙是真正的海上仙岛。由于远离大陆，长久以来人迹罕至，这使得西沙有保存完好的海洋生态系统。岛屿四周的海水十分洁净，最高能见度达到 40 米。于是在这晶莹剔透的海水中有一个你平生难得见到的神秘空间：一丛丛、一簇簇的珊瑚像盛开的鲜花覆满整个海底，金黄、雪白、鲜红……色调各异。傍晚，红彤彤的晚霞铺满半边天，海水鲜红闪亮，归巢鸟儿的鸣叫声和着轻轻拍岸的涛声传入耳中，汇成美丽的风景画，这样独有的西沙日落，会令人浮想联翩、流连忘返……正因为如此，在由中国科学探险协会与《DEEP 中国科学探险》杂志、新浪网举办的 2006 "中国三十个最值得探险胜地" 大型网络评选活动中，风光旖旎的西沙群岛入选由国内权威科学家、探险家组成的评委团共同推选出的 50 个中国探险胜地的候选名单，并参与最后的角逐。

有着典型热带岛屿风光的西沙群岛，岛上生长着众多的热带乔木和灌木。在西沙群岛中最大的岛屿永兴岛，约 2 平方千米的土地面积上椰树成行，仅百年以上树龄的就有 1000 多棵。在岛的西部有一片被称为 "西沙将军林" 的椰林，这是党和国家领导人以及 100 多位将军先后栽种的，每一棵上刻着栽种者的名字。西沙军事要塞的印记同样留存在岛上的两座纪念碑亭中的碑石上。一为 "海军收复西沙群岛纪念碑"；另一碑是 1991 年由中国人民解放军立的 "中国南海诸岛工程纪念碑"，碑上详尽叙写了西沙、南沙、中沙、东沙群岛的历史沿革、疆域面积等，背面则刻有《中国南海诸岛图》。

在距离永兴岛东南四五十海里的小岛上，有一个国家重点自然保护区，素有美名 "鸟的天堂"。岛上栖息着多达 50 种鸟类，内陆难得一见的鲣鸟、乌燕鸥、黑枕燕鸥、大凤头燕鸥和暗绿乡眼等在这里成群栖息，在整个树林上空，海鸟成千上万终日盘旋飞翔，千鸣万啭，自成奇观。

西沙群岛还是我国主要热带渔场，有珊瑚鱼类和大洋性鱼类 400 余种，盛产金枪鱼、马鲛鱼、红鱼、鲣鱼、飞鱼、鲨鱼、石斑鱼等海洋美味。海产品主要有海龟、海参、珍珠、贝类、鲍鱼等几十种，其中名贵特产不乏 "海龟之王" 名号的棱皮龟、"海参之王" 的梅花参，以及世界最著名的珍珠：南珠、宝贝、麒麟等十几种。

如果你认为这些数不清的珍宝仅仅满足了人的观赏欲，那么西沙钓鱼和潜水是让你与西沙亲密接触必不可少的娱乐项目。无论是坐在岸边垂钓还是搭乘渔民的船只出海，都不会让你空手而返，美丽的西沙会有慷慨的馈赠送上。据称，甚至船一边开，一边就会有鱼上钩，钓到一米多长的大鱼更是常有的事。潜水则能看到、更能摸到难得一见的海底景观，与五光十色的鱼儿共舞，在珊瑚丛中游弋而过，此惬意平生又能有几回？

但作为"探险胜地"，美丽西沙"胜"已至此，"险"又在何处？原来西沙属军事管制地，没有专门客运船只，只能乘坐每月往返海南岛与永兴岛的补给船"琼沙3号"，或租用清澜港的渔船前往，航行时间长达十多个小时，而海上风浪较近海汹涌数倍，作用于旅行者则表现为晕船的严重身体不适。对此，旅友们要注意做好抗晕的准备工作。

西沙群岛的美丽，用言语无法尽述。但如果你是一个热爱生活，热爱自然的人，那么请一定要去西沙，它带给你的绝对是心灵的震撼。当你离开大陆，一直向南，海水缓缓由湛蓝变成碧绿，映入眼帘的只有纯净世界，那一刻，你情不自禁地庆幸，西沙之旅此行不虚矣。

# 第三节　走生态旅游之路

为了使海岛旅游能够可持续发展，为了能够使更多的人享受到海岛的自然风光，海岛旅游必须走生态旅游的道路。生态旅游是基于自然的、可持续的旅游，强调的是一种行为和思维方式，即保护性的旅游。海岛生态旅游以保护海岛自然环境和生物多样性、维持资源利用的可持续发展为目标，以旅游促进生态保护，以生态保护促进旅游。这样不会破坏自然，使人们在旅游过程中，充分感受到海岛自然风光的美丽，同时还会使海岛从保护自然资源中得到经济收益。

### 海岛生态旅游开发原则

海岛生态旅游的开发遵循一定的科学原则显得尤为重要。从国内外海岛生态旅游发展的理论和实践来看，制定其生态旅游规划，实施生态旅游开发时，主要应遵循以下原则：

1. 永续利用原则。"永续利用"是时代的产物，它是一种使人类在开发旅游资源时不但顾及当代人的经济需要，而且还顾及不对后代人进一步需要构成威胁和危害的发展策略。尽管它不意味着为后代和将来提供一切，造就一切，但它却通过对经济效益、社会效益、生态效益三者的协调，使当代人用最小的代价获取最大的旅游资源利用，造福子孙后代。

2. 保护性开发原则。要使海岛生态旅游资源可持续利用，就必须加强对

旅游资源的保护。针对其生态旅游资源的开发而言，开发和保护的关系应体现总的原则是：开发应服从保护，在保护的前提下进行开发。资源得到妥善保护，开发才能得到收益；开发取得收益，反过来可促进保护工作。但是，一旦开发与保护出现矛盾，保护对开发有绝对否决权。

3. 特色性原则。海岛生态旅游资源贵在稀有，其质量在很大程度上取决于它与众不同的独特程度，即特色。有特色，才有吸引力；有特色，才有竞争力，特色是旅游资源的灵魂。

4. 协调性原则。海岛生态旅游资源开发必须与整个生态区的环境相协调，既有利于突出各旅游资源的特色，又可以构成集聚旅游资源的整体美，使游客观后感到舒适、自然。

5. 经济效益、社会效益和环境效益相统一的原则。市场经济就是追求效益最大化，海岛生态旅游作为旅游的一种形式，也追求效益最大化，但这个效益不仅是指经济效益，还包括社会效益和生态效益，三者必须高度地协调统一。而当三者出现矛盾时，以生态效益和社会效益高于一切为指导原则，即经济效益必须从属于上述两种效益。实际上，当生态效益和社会效益达到最大化、最优化时，其经济效益肯定也是相当可观的。

海岛生态旅游中的具体环保内容

由于海岛的面积有限，水资源贫匮、历史文化单一，所以它们的环境系统十分脆弱，自我恢复能力很低，其生态环境的破坏往往是无法逆转的，而进行治理成本会非常高。因此，在开展海岛旅游过程中，要特别注意对以下具体对象进行保护：

1. 对环境容量的把握。海岛生态旅游开发应充分考虑到当地的环境承载力，以此为标准来控制游客量，避免对资源的过度利用和对生物资源的破坏。

2. 对土壤、地貌和风光的保护。旅游开发要以保护海岛为第一要务，不得随意改造海岛地形、建造地基深的高楼，不得破坏海岛原有风光，应充分利用岛上原有的景观和风光风貌设计生态旅游的项目和设施。

3. 对岛上环境卫生的保护。旅游会带来一定的垃圾危害，因此要多设置垃圾箱，还要制定规章，防止游客乱扔垃圾。

4. 对岛上生物的保护。海岛由于特殊的位置和适宜的环境，适合许多生物生长，形成了独特的海岛生物圈。因此，发展旅游的同时要注重对海岛生物的保护。

5. 对海岛文化风情的保护。岛上人们在长期的生活劳动中，形成了自己独特的风俗习惯、居室建筑、婚俗传统、音乐体育、待客礼仪等等。这些文化因素具有浓郁的地方风味，对外来的游客形成强大的吸引力。但是旅游开发势必会在一定程度上冲击海岛文化，因此环境保护还包括对海岛文化环境的保护。

### 海岛生态旅游中应注意的其他问题

海岛旅游在我国起步较晚，各种相关法律和管理制度还不够完善，因此，这方面要多借鉴国外的成熟经验。具体地，在开展海岛生态旅游的过程中，还应该注意以下几方面的问题：

1. 编制生态旅游资源开发规划。海岛生态旅游资源的开发必须规划，应对海岛的生态旅游资源进行详细的调查研究，建立从可行性论证—开发规划—监督管理的科学可行的开发程序，坚决反对"一哄而上"的无规划的开发。应建立政府直接领导下的海岛生态旅游资源开发协调小组，编制具有指导意义的高起点、高标准、高水平的海岛生态旅游发展规划，以指导和协调其生态旅游资源开发工作，制止海岛生态旅游资源开发中的不良行为。

2. 制定法规，加强科学管理。海岛生态旅游会不会对其生态环境产生负面影响，是弊大还是利大，这并不取决于是否开发旅游，而是取决于是否在这一过程中实现了科学的管理。要保护海岛生态环境，就要加强科学管理，而科学管理的基础在于完善的法制。因此，开发海岛生态旅游必须有切实可行的法规作保障，并加强对其生态旅游区的科学管理，做到"以法兴游、以法治游"，杜绝一切破坏海岛生态环境资源的现象。

3. 完善服务设施，提高服务水平。海岛生态旅游作为一种旅游产品，旅游接待设施和服务都是不可忽视的开发内容。必须创造出可供游客逗留的环境，这既包括硬件设施，也包括软件方面的服务和管理，两者缺一不可。必须全方位地开发食、住、行、游、购、娱六大要素互相配合的项目，进行综合性的开发。

4. 加强海岛生态旅游的研究和人才培养。海岛生态旅游需要高素质的专业管理人才和服务人才。应利用旅游院校、培训班、专题讲座、学术会议等各种形式及请进人才、派出学习等办法，培养一大批海岛生态旅游方面的专业人才，加强对其生态旅游理论和规划方面的研究，为海岛生态旅游可持续发展提供人才保障。